2013清单规范解析与广联达计价软件应用丛书

GBQ 4.0 计价软件应用与实例

（装饰装修工程）

郭　甜　主编

U0383683

中国建筑工业出版社

图书在版编目（CIP）数据

GBQ4.0计价软件应用与实例.（装饰装修工程）/郭甜主编.

北京：中国建筑工业出版社，2013.8

2013清单规范解析与广联达计价软件应用丛书

ISBN 978-7-112-15609-2

Ⅰ.①G…　Ⅱ.①郭…　Ⅲ.①建筑装饰-工程造价-应用软件　Ⅳ.①TU723.3-39

中国版本图书馆CIP数据核字（2013）第159889号

本书主要讲述了GBQ 4.0计价软件在装饰工程中如何使用。全书包括了：第1章2013清单规范解读与新旧对比；第2章2013清单规范模式下的实例工程；第3章常见问题和软件使用技巧。

本书由GBQ 4.0软件的业务人员编写完成，内容翔实、准确，适合广大造价人员阅读使用。

*　　*　　*

责任编辑：杨　杰　万　李　张伯熙

责任设计：董建平

责任校对：党　蕾　刘梦然

2013清单规范解析与广联达计价软件应用丛书

GBQ4.0计价软件应用与实例

（装饰装修工程）

郭　甜　主编

*

中国建筑工业出版社出版、发行（北京西郊百万庄）

各地新华书店、建筑书店经销

北京红光制版公司制版

北京建筑工业印刷厂印刷

*

开本：787×1092毫米　1/16　印张：8　字数：200千字

2013年8月第一版　　2018年7月第二次印刷

定价：**30.00**元

ISBN 978-7-112-15609-2

(24242)

前　言

《建设工程工程量清单计价规范》GB 50500—2013（以下简称 2013 清单规范）的执行广泛深入地推行了工程量清单计价标准，规范了建设工程发承包双方的计量、计价行为，同时与国家相关法律、法规和政策的变化规定相适应，更是为了适应新技术、新工艺、新材料日益发展的需要。

2013 清单规范是以《建设工程工程量清单计价规范》GB 50500—2008 为基础，以住房和城乡建设部发布的工程基础定额、消耗量定额、预算定额以及各省、自治区、直辖市或行业建设主管部门发布的工程计价定额为参考，以工程计价相关的国家或行业的技术标准、规范、规程为依据，收集近年来新的施工技术、工艺和新材料的项目资料，经过整理，在全国广泛征求意见后编制而成。

2013 清单规范对于规范建设工程发、承包双方的计价行为，维护建设市场秩序，建立市场形成工程造价的机制将发挥重要的作用。但是如何更快地了解新清单的变化，更好地在新清单时代使用软件快速完成工作，成为了广大造价人员的困扰，本书将结合 2013 清单规范的变化以及广联达计价软件 GBQ 4.0 的使用，为读者提供切实可行的帮助。

本书编写过程中陈静女士、赵秀海先生、刘明先生、郭旸先生等作为编委为本书投入大量的时间和精力，正因为他们的全情投入，才有了此系列丛书的出现，对他们我表示衷心感谢。同时，也特别感谢喻太祥先生，田均鹏先生在本书编辑过程中提供的指导与意见，也感谢梁志敏女士、刘明先生，梁念念女士、张玉菇女士在本书出版过程中提供的支持。

目　　录

第 1 章　2013 清单规范解读与新旧对比 ………………………………………… 1

　1.1　2013 清单规范出台背景和意义 …………………………………………… 1
　　1.1.1　出台背景和意义 ……………………………………………………… 1
　　1.1.2　主要变化点和特点 …………………………………………………… 2
　1.2　新旧结构的对比 …………………………………………………………… 4
　　1.2.1　2013 清单规范新旧结构对比 ………………………………………… 4
　　1.2.2　《房屋建筑与装饰工程工程量计算规范》新旧结构对比 …………… 10
　1.3　新清单内容解析 …………………………………………………………… 12

第 2 章　2013 清单规范模式下的实例工程　装饰装修工程 …………………… 25

　2.1　编制招标控制价 …………………………………………………………… 25
　　2.1.1　新建项目 ……………………………………………………………… 25
　　2.1.2　编制单位工程 ………………………………………………………… 28
　　2.1.3　项目人材机调整及一致性保障 ……………………………………… 50
　　2.1.4　导出电子招标书 ……………………………………………………… 53
　2.2　编制投标报价 ……………………………………………………………… 54
　　2.2.1　导入招标书 …………………………………………………………… 55
　　2.2.2　编制投标组价 ………………………………………………………… 56
　　2.2.3　快速调价 ……………………………………………………………… 65
　　2.2.4　工程检查 ……………………………………………………………… 76
　　2.2.5　导出电子投标书 ……………………………………………………… 77
　2.3　报表 ………………………………………………………………………… 81
　　2.3.1　报表概述 ……………………………………………………………… 81
　　2.3.2　一般规定 ……………………………………………………………… 82
　　2.3.3　重点报表分析 ………………………………………………………… 83
　　2.3.4　报表调整 ……………………………………………………………… 90
　　2.3.5　报表输出 ……………………………………………………………… 95

第 3 章　常见问题和软件使用技巧 ……………………………………………… 98

　3.1　常见问题解答 ……………………………………………………………… 98
　3.2　软件使用技巧 ……………………………………………………………… 111

第1章 2013清单规范解读与新旧对比

1.1 2013清单规范出台背景和意义

1.1.1 出台背景和意义

2013工程量清单规范（以下简称2013清单规范）的出台历经了三年多，从2009年开始，住房和城乡建设部标准定额司就在北京召开了《建设工程工程量清单计价规范》GB 50500—2008附录修编工作会议，会议讨论并原则通过了附录修编工作大纲，之后经过全国各地专家的不断修正、反复审核，终于在2012年12月25日完成了《建设工程工程量清单计价规范》GB 50500—2013以及《房屋建筑与装饰工程工程量计算规范》GB 50854—2013、《仿古建筑工程工程量计算规范》GB 50855—2013、《通用安装工程工程量计算规范》GB 50856—2013、《市政工程工程量计算规范》GB 50857—2013、《园林绿化工程工程量计算规范》GB 50858—2013、《矿山工程工程量计算规范》GB 50859—2013、《构筑物工程工程量计算规范》GB 50860—2013、《城市轨道交通工程工程量计算规范》GB 50861—2013、《爆破工程工程量计算规范》GB 50862—2013等9本计算规范（简称"2013计算规范"）的批准，从2013年7月1日起正式实施。

这次的修编内容广泛、涵盖面广，是建设工程工程量清单深入应用的有力推动，也是我国通过实践经验和理论结合的成果，是进一步完善计价规范和计算规范体系的结晶。

本次大范围完善清单规范还有几个重要的背景和目的。

（1）相关法律的变化，需要修改计价规范。

《中华人民共和国社会保险法》的实施，《中华人民共和国建筑法》关于工伤保险，鼓励企业为从事危险作业的职工办理意外伤害保险的修订；国家发改委、财政部关于取消工程定额测定费的规定；财政部关于开征地方教育附加等规费方面的变化等。

（2）原08规范关于单价合同、总价合同的适用问题未清晰；对竣工结算如何使用前期计价资料的可操作性不够强。

08规范正文未正面规定，清单计价的项目是否适合总价合同还是只适合单价合同，一些法律界人士对此提出异议；原08规范中清单竣工结算的相关规定，虽然已经提及到了过程资料可作为参考依据，但是未明确当其与竣工图纸有出入时如何处理等，导致其可操作性比较差。

（3）原08规范对于计价风险的分担、物价指数调整、控制价投诉等规定只是做了试探性规定，可执行性比较差。

08清单对应风险的分担正文只是做了方向性的约定，并未给出具体的操作办法，导致其可执行性较差。

（4）08 规范附录设置过于综合，专业分类不明确、项目特征的描述不能体现自身价值，存在难以描述的现象、计量单位不符合实际工程的需要等。

如土石方在土建和市政工程中都有相应项目，桩的单位有地区按米计量、有地区按根计量，并不统一。对项目特征的描述不准确，如：金属结构工程项目缺少"螺栓种类和防火要求"的描述；还有一些内容如颜色、砌体高度、混凝土构件长度、高度等与项目价值关系不大，但是又难以描述清楚；以成品编制的项目，其特征描述中还有断面尺寸、材质、骨架材料等无用的内容。

（5）08 规范的部分计量规定存在模糊或与国家标准不一致的地方，需要重新定义和明确。

如：土石分类一直沿用"普氏分类"，桩基工程采用分级，而国家相关标准未使用，导致使用起来出现不一致的地方；原规范中，钢筋工程的有关"搭接"的计算规定比较含糊。

（6）从规范体系的角度来看，08 清单正文＋附录的形式不利于专业计算规范的修订和增补。

由此看来，本次 2013 清单规范的变化内容很多，在清单的可操作性和完整性都做了很多完善，解决了很多 08 规范使用至今出现的问题。下面就整体先来概括一下 2013 清单规范的几大变化点。

1.1.2　主要变化点和特点

"2013 清单规范"全面总结了"2003 规范"实施 10 年来的经验，针对存在的问题，对"08 规范"进行全面修订，与之比较，主要的亮点和特点可归纳为 12 个方面：

1. 扩大了计价计算规范的适用范围

"2013 清单规范"明确规定："本规范适用于建设工程发承包及实施阶段的计价活动"、并规定"ＸＸ工程计价，必须按本规范规定的工程量计算规则进行工程计量"。而非"08 规范"规定的"适用于工程量清单计价活动"。2013 清单规范首次提出适用于建设工程发承包及实施阶段的计价活动。工程量计算规范则适用于所有计价方式的工程，而非08 清单只适用于清单计价的工程，这样对规范发承包双方的计价行为有了深远的意义。

2. 强化了工程计价计量的强制性规定

"2013 清单规范"在保留"08 规范"强制性条文的基础上，又在一些重要环节新增了部分强制性条文，在规范发承包双方计价行为方面得到了加强。对清单深入推广和持续使用起到推动的作用。

3. 增强了与合同的契合度，需要造价管理与合同管理相统一

"2013 清单规范"提高了对合同的重视程度，工程造价全过程管理意识更强，尤其细化了合同价款的调整与支付的规定。《规范》中的合同价款调整部分划分了 14 个子项，并分 3 章对工程计量与工程价款支付进行了详细规定。

"2013 清单规范"出台后要求工程造价管理人员在进行造价管理时充分了解合同内容以及合同管理的特点，将二者相统一，才能切实提高工程造价管理水平。

4. 解决工程项目中实际存在的问题

"2013 清单规范"对项目特征描述不符、清单缺项、承包人报价浮动率、提前竣工

（赶工补偿）误期赔偿等工程项目实际问题进行了明确的规定，在 08 规范基础上丰富了内容，为解决工程项目实际问题提供了依据，使新清单更加全面，可操作性更强。

5. 进一步明确了工程计价风险分担的范围

"2013 清单规范"在"08 规范"计价风险条文的基础上，根据现行法律法规的规定，进一步细化、细分了发承包阶段工程计价风险，并提出了风险的分类负担规定，为发承包双方共同应对计价风险提供了依据。

6. 完善了招标控制价制度

自"08 规范"总结了各地经验，统一了招标控制价称谓，在《招标投标法实施条例》中又以最高投标限价得到了肯定。"2013 清单规范"从编制、复核、投诉与处理对招标控制价作了详细规定。

7. 规范了不同合同形式的计量与价款交付

"2013 清单规范"针对单价合同、总价合同给出了明确定义，指明了其在计量和合同价款中的不同之处，提出了单价合同中的总价项目和总价合同的价款支付分解及支付的解决办法。

8. 统一了合同价款调整的分类内容

"2013 清单规范"按照形成合同价款调整的因素，归纳为 5 类 14 个方面，并明确将索赔也纳入合同价款调整的内容，每一方面均有具体的条文规定，为规范合同价款调整提供了依据。

9. 符合工程价款精细化、科学化管理的要求

建筑业的发展要求建设项目参与方要对工程价款进行精细化、科学化的管理，保证参与方的利益。2013 版规范在 08 清单计价规范的基础上对工程项目全过程的价款管理进行了约定（包括工程量清单、招标控制价、投标价、签约合同价、工程计量、价款的调整与支付、争议解决、资料与档案管理、工程造价鉴定等内容），并涉及重大的现实问题（如对承包人报价浮动率、项目特征描述不符、工程量清单缺项等影响合同价款调整的重大事件的约定），并且强化了清单的操作性（如对承包商报价浮动率、工程变更项目综合单价以及工程量偏差部分分部分项工程费的计算给出了明确的规定），这些特点正好满足工程价款精细化管理的需求，为工程价款精细化、科学化管理提供有力依据。

10. 细化了措施项目计价的规定

"2013 清单规范"根据措施项目计价的特点，按照单价项目、总价项目分类列项，明确了措施项目的计价方式。

11. 增强了规范的操作性

"2013 清单规范"尽量避免条文点到为止，增加了操作方面的规定。"2013 清单规范"在项目划分上体现简明适用；项目特征既体现本项目的价值，又方便操作人员的描述；计量单位和计算规则，既方便了计量的选择，又考虑了与现行计价定额的衔接。

12. 保持了规范的先进性

此次修订增补了建筑市场新技术、新工艺、新材料的项目，删去了淘汰的项目。对土石分类重新进行了定义，实现了与现行国家标准的衔接。

综上所述，我们也不难看出，除了内容和条款的变化外，2013 清单规范还有一个理念的转变，那就是：重视工程管理，由事后算总账到事前算细账。

1.2 新旧结构的对比

1.2.1 2013清单规范新旧结构对比

（1）2013清单规范共包括16章、54节、329条（图1-1），比"08规范"分别增加11章、37节、192条，表格增加8种（见图1-1和表1-1），并进一步明确了物价变化合同价款调整的两种方法。

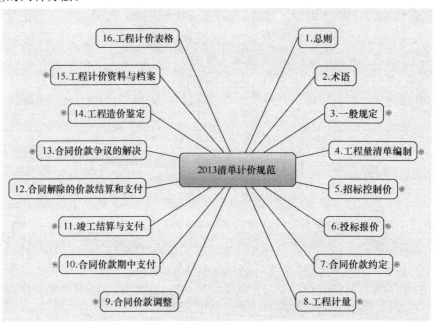

图1-1 "2013清单规范"内容

"2013清单规范"和"08规范"章节条文增减表						表 1-1	
13规范			08规范			条文（＋）减（一）	
章	节	条文	章	节	条文		
1. 总则		7	1. 总则		8	一1	
2. 术语		52	2. 术语		23	29	
3. 一般规定	4	19	3. 一般规定	1	9	10	
4. 工程量清单编制	6	19	4. 工程量清单编制	6	21	一2	
5. 招标控制价	3	21	4.2 招标控制价	1	9	12	
6. 投标报价	2	13	4.3 投标价	1	8	5	
7. 合同价款约定	2	5	4.4 工程合同价款的约定	1	4	1	
8. 工程计量	3	15	4.5 工程计量与价款支付中 4.5.3、4.5.4		2	13	
9. 合同价款调整	15	58	4.6 索赔与现场签证 4.7 工程价款调整	2	16	42	

续表

13规范			08规范			条文（＋）减（－）
章	节	条文	章	节	条文	
10. 合同价其中支付	3	24	4.5 工程计量与价款支付	1	6	18
11. 竣工结算和支付	6	35	4.8 竣工结算	1	14	21
12. 合同解除的价款结算和支付		4				4
13. 合同价款争议的解决	5	19	4.9 工程计价争议处理	1	3	16
14. 工程造价鉴定	3	19	4.9.2		1	18
15. 工程计价资料和档案	2	13				13
16. 工程计价表格		6	5.2 计价表格使用	1	5	1
合　计	54	329		17	137	192

由此可以看出，此次重点增加条文的部分，重点集中在了合同价款调整、合同期中支付等清单实施阶段。结合造价的不同阶段对应如图1-2所示。

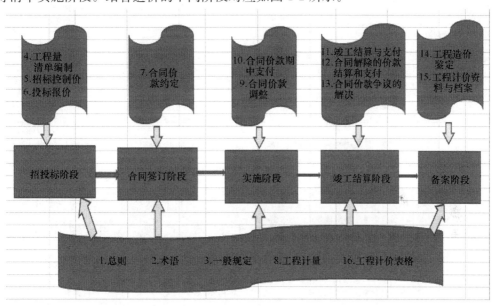

图1-2　"2013清单规范"增加条文与造价不同阶段对应图

（2）分章节对比

1）第1章：总则

① 将原规定适用于工程量清单计价活动，修改为适用于建设工程发承包及实施阶段的计价活动，进一步明确了适用范围。

② 原1.0.7条对附录A～附录F的规定上升为国家计算规范。

变化点：再一次明确本规范适用的范围，涵盖了工程建设发承包以及施工阶段的整个过程。

2）第2章：术语

① 对"工程量清单"修改完善了定义，并新增"招标工程量清单"和"已标价工程量清单"，进一步明确各自的适用范围。

② 新增"工程量偏差"、"安全文明施工费"、"提前竣工（赶工）费"、"误期赔偿费"、"工程设备"、"工程成本"、"缺陷责任期"、"招标代理人"、"单价项目"、"总价项目"等 29 个术语。

③ 修改了"合同价"、"竣工结算价"的定义。

变化点：重点完善了实施阶段的术语。

3）第 3 章：一般规定（表 1-2）

一般规定内容对比　　　　　　　　　　表 1-2

序号	2013 清单规范	08 清单规范	变化项
1	3.1.1　使用国有资金投资的建设工程发承包，必须采用工程量清单计价	1.0.3 全部使用国有资金投资或国有资金投资为主（以下二者简称国有资金投资）的工程建设项目必须采用工程量清单计价	将清单适用的范围扩大
2	3.1.6　措施项目中的安全文明施工费必须按国家或省级、行业建设主管部门的规定计算，不得作为竞争性费用	4.1.8　措施项目清单中的安全文明施工费应按国家或省级、行业建设主管部门的规定计价，不得作为竞争性费用	将"应"改为"必须"
3	3.4.1　建设工程发承包，必须在招标文件、合同中明确计价中的风险内容及其范围，不得采用无限风险、所有风险或类似语句规定计价中的风险内容及其范围	4.1.9　采用工程量清单计价的工程，应在招标文件或合同中明确风险内容及其范围（幅度），不得采用无限风险、所有风险或类似语句规定风险内容及其范围	调整了风险约定范围，将"应"改为"必须"

本章在"08 规范"4.1 节的基础上编写，并将"08 规范"1.0.3 条、1.0.4 条移入，将"08 规范"条文说明 1.0.4 条第 2 款的内容列为 3.1.3 条。

① 增加发包人供应材料和承包人提供材料，分别列为 3.2 节和 3.3 节。

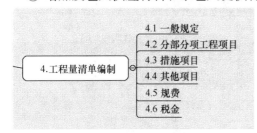

图 1-3　工程量清单编制

② 将计价风险列为一节，将"08 规范"4.1.9 条上升为强条，其条文说明修改后列为正文 4 条。

变化点："应"变成"必须"不仅是语气的加强，更是意味着国家推广清单的决心，清单的使用会朝着深度应用继续迈进；进一步明确了风险共担。

4）第 4 章：工程量清单编制（图 1-3）

本章共 6 节 19 条，强制性条文 4 条，是在"08 规范"第 3 章的基础上修订的。由于"08 规范"附录上升为相关工程国家计算规范，相应的本章一些条文移入新的计算规范，与"08 规范"相比，减少 2 条。

① 规费项目根据国家法律和有关权力部门的规定，取消了定额测定费和危险作业意外伤害保险费，新增了工伤保险费和生育保险费，将社会保障费更名为社会保险费。

② 税金新增地方教育附加。

5）第 5 章：招标控制价（图 1-4）

图 1-4　招标控制价

本章在"08规范"4.2节的基础上编写，分为3节，5.1.1条（原4.1.1条第1款）上升为强条。

① 将投诉的日期从"应在开标前5天"修改为："招标控制价公布后5天内"，以保证招投标工作的顺利进行。

② 新增了投诉的内容、投诉的条件、投诉的受理以及复查的期限、复查结论的判断标准等条文，使投诉及其处理具有可操作性。

变化点：针对招标控制价，2013清单规范，从编制、复核、投诉与处理对招标控制价做了详细的规定。

6）第6章：投标报价（图1-5）

本章在"08规范"4.3节的基础上编写，分为2节。将投标报价"不得低于成本"修改为"不得低于工程成本"，并上升为强制性条文。将成本定义为"工程成本"更具操作性。

7）第7章：合同价款约定（图1-6）

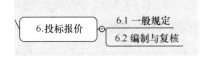 

图1-5 投标报价　　　　　　　　　图1-6 合同价款约定

本章共2节5条，是在"08规范"第4.4节的基础上扩展而成的，对工程合同价款的约定作了原则规定。从合同签订起，就将其纳入工程计价规范的内容，保证合同价款结算的依法进行。进一步明确了单价合同、总价合同、成本加酬金合同的适用范围。

8）第8章：工程计量（图1-7）

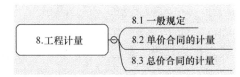

图1-7 工程计量

本章在"08规范"4.5节4.5.3条和4.5.4条及其条文说明的基础上编写。明确了饿不同合同形势下工程计量的要求

① 新增"工程量应当按照相关工程的现行国家计算规范规定的工程量计算规则计算"的规定，并确定为强条。

② 针对单价合同和总价合同对工程计量的不同要求，分列两节作了规定。

9）第9章：合同价款调整（图1-8）

本章是在"08规范"4.6节、4.7节及其条文说明的基础上编写的，共分15节。对由于法律法规规章政策发生变化、工程变更、项目特征描述不符、工程量清单缺项、工程量偏差、物价变化、暂估价、计日工、不可抗力、赶工、误期、索赔、现场签证等导致合同价款调整的，均作了较明确的规定。共集中于14个方面，并根据其特性设置节和条文，既有调整的原则性规定，又有详细的时效性规定，使合同价款的调整更具操作性。

10）第10章：合同价款期中支付（图1-9）

本章共3节24条，规定了预付款、安全文明施工费、进度款的支付以及违约的责任。

① 新增了安全文明施工费的规定。

② 新增了总价项目的支付分解规定，并在条文说明中列举了三种分解方法供选择。

变化点：

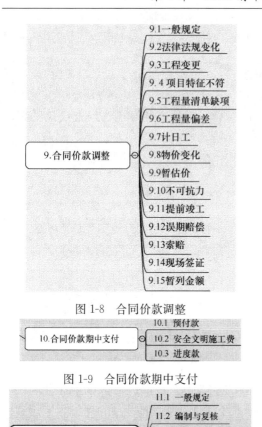

图 1-8　合同价款调整

图 1-9　合同价款期中支付

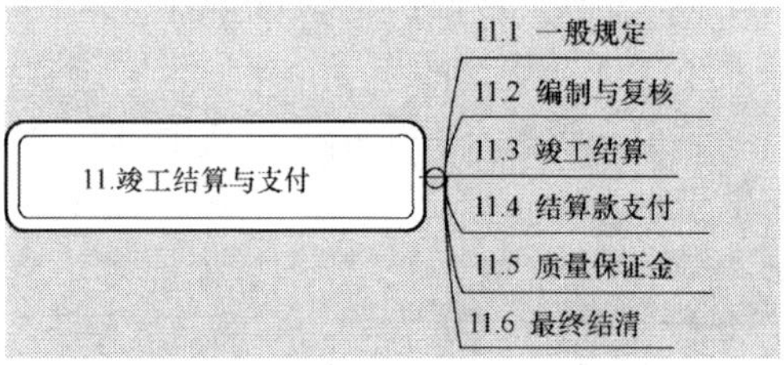

图 1-10　竣工结算与支付

A. 条文的可操作性增强，完整性也增强。

B. 清单在实施阶段使用可操作性加强，价款支付有据可依。

11）第 11 章：竣工结算和支付（图 1-10）

本章共 6 节 35 条，其中 1 条强制性条文，比 "08 规范" 增加 21 条。主要依据《中华人民共和国合同法》和《中华人民共和国建筑法》确立的原则以及《建筑工程施工发包与承包计价管理办法》（建设部令第 107 号）和财政部、建设部印发的《建设工程价款结算暂行办法》（财建［2004］369 号）的有关规定制定。

12）第 12 章：合同解除的价款结算与支付

本章为新增，共 4 条。合同解除是合同非常态的终止，为了限制合同的解除，法律规定了合同解除制度。根据解除权来源划分，可分为协议解除和法定解除。鉴于建设工程施工合同的特性，为了防止社会资源浪费，法律不赋予发承包人享有任意单方解除权，因此，除了协议解除，按照《最高人民法院关于审理建设工程施工合同纠纷案件适用法律问题的解释》第八条、第九条的规定施工合同的解除有承包人根本违约的解除和发包人根本违约的解除两种。

本章针对工程建设合同履行过程中由于以上原因导致合同解除后的价款结算与支付进行规范。

13）第 13 章：合同价款争议的解决（图 1-11）

本章共 5 节 19 条，是在 "08 规范" 第 4.9.1、4.9.3 条的基础上，根据当前我国工程建设领域解决争议的实践总结形成条文。

由于建设工程具有施工周期长、不确定因素多等特点，在施工合同履行过程中出现争议也是难免的。因此，发承包双方发生争议后，可以进行协商和解从而达到消除争议的目的，也可以请第三方调解从而达到定争止纷的目的；若争议继续存在，双方可以继续通过司法途径解决，当然，也可以直接进入司法程序解决争议，主要指仲裁或诉讼。但是，不论采用何种方式解决发承

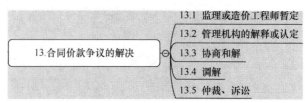

图 1-11　合同价款争议的解决

包双方的争议，只有及时并有效的解决施工过程中的合同价款争议，才是工程建设顺利进行的必要保证。因此，立足于把争议解决在萌芽状态，或尽可能在争议前期过程中予以解决较为理想。

14）第 14 章：工程造价鉴定（图 1-12）

在社会主义市场经济条件下，发承包双方在履行施工合同中，由于不同的利益诉求，仍有一些施工合同纠纷采用仲裁、诉讼的方式解决，因此，工程造价鉴定在一些施工合同，纠纷案件处理中就成了裁决、判决的主要依据。由于施工合同纠纷进入司法程序解决，其工程造价鉴定除应符合工程计价的相关标准和规定外，还应遵守仲裁或诉讼的规定，因此，本规范将其专设一章，共 3 节 19 条，根据《中华人民共和国民事诉讼法》、《最高人民法院关于民事诉讼证据的若干规定》、《建设部关于对工程造价司法鉴定有关问题的复函》，在"08 规范"第 4.9.4 条的基础上修订，对工程造价鉴定的委托、回避、取证、质询、鉴定等主要事项作了规定。

15）第 15 章：工程计价资料和档案（图 1-13）

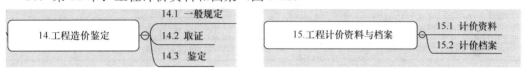

图 1-12　工程造价鉴定　　　　　　　图 1-13　工程计价资料与档案

本章是新增内容，共 13 条。计价的原始资料是正确计价的免证，也是工程造价争议处理鉴定的有效证据。计价文件归档才表明整个计价工作的完成，将之纳入计价规范使其更趋完善。

变化点：

① 对于计价资料的管理要求变高，而且制度越来越完善。

② 需要注意资料的归档和整理。

16）第 16 章：工程计价表格除了各部分的变化，此次 2013 清单变化主要是理念的变化（图 1-14）

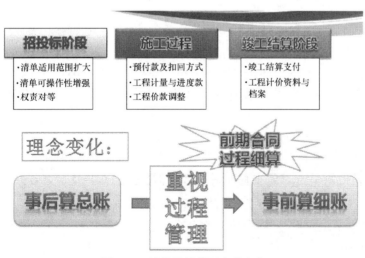

图 1-14　计价及计价理念的变化

此次修灯，计价表格的设置与本规范正文部分保持一致，包括工程量清单、招标控制价、投标报价、竣工结算和工程造价鉴定等各个阶段计价使用的 5 种封面 22 种（类）表样，大大增加了规范的实用价值。本章与"08 规范"不同的是：第 1 节介绍的各种表格移入本规范附录，保留第 2 节作为一章介绍表格使用上的规定，条文减少 6 条。

重点表格在【报表】章节中单独分析

1.2.2　《房屋建筑与装饰工程工程量计算规范》新旧结构对比

新编的"计算规范"是在"08 规范"附录 A、B、C、D、E 的基础上制定的，内容包括房屋建筑与装饰工程、仿古建筑工程、通用安装工程、市政工程、园林绿化工程、矿山工程、构筑物工程、城市轨道交通工程、爆破工程，共 9 个专业。正文部分共计 261 条，附录部分共计 3915 个项目，在"08 规范"基础上新增 2185 个项目，减少 350 个项目（表 1-3）。

2013 计算规范与 08 规范的项目对比　　　　表 1-3

序号	2013 计算规范	正文条款	附录项目			
			08 规范	13 计算规范	增加（＋）	减少（一）
1	房屋建筑与装饰工程	29	393	561	202	−34
2	仿古建筑工程	28	0	566	566	0
3	通用安装工程	26	1015	1144	320	−191
4	市政工程	27	351	564	320	−107
5	园林绿化工程	28	87	144	64	−7
6	矿山工程	25	135	150	25	−10
7	构筑物工程	28	8	98	90	0
8	城市轨道交通工程	38	90	620	531	−1
9	爆破工程	32	1	68	67	0
	合计	261	2080	3915	2185	−350

1. 结构调整

此次修编坚持"健全规范体系、坚持共性统一、体现专业特征、方便使用管理"的要求，将"08 规范"附录分离出来，单独设置 9 本计算规范。对计算规范及各附录的章节、项目设置做了相应调整。房屋建筑与装饰工程工程量计算规范的具体变化详见表 1-4。

原"08 规范"正文"3.3.1 通用措施项目一览表"归并入各计算规范附录"措施项目"中。

2. 计算规范调整情况如表 1-5 所示：

1)《房屋建筑与装饰工程工程量计算规范》GB 50854—2013。

将"08 规范"附录 A 建筑工程、附录 B 装饰装修工程归并，更名为《房屋建筑与装饰工程工程量计算规范》GB 50854—2013。

① 将"08 规范"附录 A 中"A．2 桩与地基基础工程"拆分为"附录 B 地基处理与边坡支护工程、附录 C 桩基工程"。

② 将"08 规范"A．3 砌筑工程的章节顺序做了调整，分 D．1 砖砌体、D．2 砌块砌

体、D.3 石砌体、D. 4 垫层 4 个小节，将砖基础、砖散水、地坪、砖地沟、明沟及砖检查井纳入砖砌体中，将砖石基础垫层纳入垫层小节，将砖烟囱、水塔、砖烟道取消，移入构筑物工程计算规范。

③ 附录 E 混凝土及钢筋混凝土工程中，将"08 规范"A.4.15 混凝土构筑物移入到构筑物工程计算规范。

④ 附录 F 金属结构工程中，单列 F.1 钢网架小节，将钢屋架、钢托架、钢桁架、钢桥架归并为 F.2 小节，将"08 规范"A.6.7 金属网更名为 F.7 金属制品，将金属网及其他金属制品统一并入金属制品小节。

⑤ 附录 G 木结构工程中，将"08 规范"厂库房大门、特种门移入附录 H 门窗工程中增列 G.3 屋面木基层小节。

⑥ 附录 J 屋面及防水工程中，将"08 规范"A.7.1 瓦型材屋面更名为 J.1 瓦型材及其他屋面，将 A.7.2 屋面防水更名为 J.2 屋面防水及其他，将 A.7.3 墙、地面防水、防潮，拆分为 J.3 墙面防水防潮和 J.4 楼（地）面防水防潮两个小节。

⑦ 将"08 规范"B.1 楼地面工程更名为附录 L 楼地面装饰工程，B.1.7 扶手、栏杆、栏板装饰移入附录 Q 其他装饰工程章节中。

⑧ 将"08 规范"附录 B.2 墙、柱面工程更名为附录 M 墙、柱面装饰与隔断、幕墙工程。

⑨ 增补附录 R 拆除工程、附录 S 措施项目。

房屋建筑与装饰工程工程量"2013 计算规范"结构设置表　　　表 1-4

	2013 计算规范	08 规范
房屋建筑与装饰工程	1 总则	
	2 术语	
	3 工程计量	
	4 工程量清单编制	
	附录 A 土石方工程	A.1 土（石）方工程
	附录 B 地基处理和边坡支护工程	A.2.3 地基与边坡处理工程
	附录 C 桩基工程	A.2.1 混凝土桩、A.2.2 其他桩
	附录 D 砌筑工程	A.3 砌筑工程
	附录 E 混凝土及钢筋混凝土工程	A.4 混凝土及钢筋混凝土工程
	附录 F 金属结构工程	A.6 金属结构工程
	附录 G 木结构工程	A.5.2 木屋架、A.5.3 木构件
	附录 H 门窗工程	A.5.1 厂库房大门、特种门、B.4 门窗工程
	附录 J 屋面及防水工程	A.7 屋面及防水工程
	附录 K 保温、隔热、防腐工程	A.8 防腐、隔热、保温工程
	附录 L 楼地面装饰工程	B.1 楼地面工程
	附录 M 墙、柱面装饰与隔断、幕墙工程	B.2 墙、柱面工程
	附录 N 天棚工程	
	附录 P 油漆、涂料、裱糊工程	B.5 油漆、涂料、裱糊工程
	附录 Q 其他装饰工程	B.6 其他工程
	附录 R 拆除工程	
	附录 S 措施项目	

2013 计算规范调整情况表　　　　　　　　　　表 1-5

序号	房屋建筑与装饰工程计算规范	数量	附录 A 建筑工程、附录 B 装饰工程	数量	备注
1	土石方工程	13	土石方工程	10	
2	地基处理与边坡支护工程	28	桩与地基基础工程	9	原规范叫：桩与地基基础处理工程
3	桩基工程	11		3	
4	砌筑工程	27	砌筑工程	25	
5	混凝土及钢筋混凝土工程	76	混凝土及钢筋混凝土工程	70	构筑物项目取消
6	金属结构工程	31	金属结构工程	24	
7	木结构工程	8	厂库房大门、特种门、木结构工程	11	厂库房大门、特种门在新规范中归入门窗工程
8	门窗工程	55	门窗工程	59	
9	屋面及防水工程	21	屋面及防水工程	12	
10	防腐、隔热、保温工程	16	保温、隔热、防腐工程	14	
11	楼地面装饰工程	43	楼地面装饰工程	43	原规范中"扶手、栏杆、栏板安装工程"归入新规范中"其他装饰工程"
12	墙、柱面装饰与隔断、幕墙工程	35	墙、柱面工程	25	
13	天棚工程	10	天棚工程	9	
14	油漆、涂料、裱糊工程	36	油漆、涂料、裱糊工程	30	
15	其他装饰工程	62	其他装饰工程	49	
16	拆除工程	37			
17	措施项目	52			
合计		561		393	

1.3　新清单内容解析

2013 计价规范重点条文解读

由于本次改进的内容涉及的条文比较多，下面只节选重要的条文和条款进行分析。

1. 重要术语解析

13 版规范的术语解释为 52 个，较 08 版清单计价规范的 23 个术语多出 29 个，13 版规范设计术语的范围更广，对术语的界定更全面。重点术语如下：

（1）【13 术语】　2.0.10 工程成本

承包人为实施合同工程并达到质量标准，必须消耗或使用的人工、材料、工程设备、施工机械台班及管理等方面的费用。

【对比】　13 新增术语。

【解析】　明确了工程成本的定义，有效避免用低于成本价中标后无法保证工程质量及后期结算的纠纷。

（2）【13 术语】2.0.16 工程量偏差

承包人按照合同工程的图纸（含经发包人批注由承包人提供的图纸）实施，按照现行国家计算规范规定的工程量计算规则计算得到的完成合同工程项目应予计量的工程量与相应的招标工程量清单项目列出的工程量之间出现的量差。

【对比】　13 新增术语。

【解析】　明确了工程量偏差的定义，强化了清单的可操作性，有效避免量差计算及量差引起的价款调整导致的纠纷。

住建部这样规定很明显是对合同更加重视了，另一方面也能帮助建设方和施工方清晰造价偏差的原因。另一方面，这个概念对我们结算的思想是有影响的，对于甲方，我们成本分析的目的就是要找出成本控制的关键点，通过规范我们可以区分哪些是由于量没有算准导致的结算价与合同价的偏差，哪些是由于过程管理不善导致的造价变化，从而可以得出我们实施阶段造价控制做得如何，以及咨询公司给的结果是否准确，帮我们下一步考核设计公司，咨询公司以及做好成本控制指明方向。

对施工方来说，同样我们可以分析出哪些是招标清单量计算不准确导致的造价变化，哪些是我们合理的二次经营产生的收入，能更好地指导我们后续在保障收入方面的改进。

（3）【13 术语】2.0.19 计日工

在施工过程中，承包人完成发包人提出的过程合同范围以外的零星项目或工作，按合同中约定的单价计价的一种方式。

【对比】　从 08 规范约定的"施工图纸外"调整为"过程合同范围外"。

【解析】调整了计日工的适用范围，清单错漏项部分的风险由发包方承担。

（4）【13 术语】2.0.23 现场签证

发包人现场代表（或其授权的监理人、工程造价咨询人）与承包人现场代表就施工过程中涉及的责任事件所作的签认证明。

【08 规定】　2.0.11 现场签证

发包人现场代表与承包人现场代表就施工过程中涉及的责任事件所作的签认证明。

【对比】　较 08 增加"授权的监理人、工程造价咨询人"。

【解析】　增加了现场签证发包方的人员代表：授权的监理人、工程造价咨询人。保证现场签证的有效性，有效避免结算纠纷。

狭义的理解：承包人根据承包合同约定而提出的关于零星用工量、零星用机械量等零星费用的确认；广义的理解：所有涉及质量、工期的签认的证明，有些作为变更的依据，有些作为索赔的依据，剩余就是狭义的签证。

如果发生雪灾或高考导致我们无法正常施工，这就需要我们进行签证申请工期顺延并作为索赔依据每张签证都是一张支票。

（5）【13 术语】　2.0.24 提前竣工（赶工）费

承包人应发包人的要求，采取加快工程进度的措施，使合同工程工期缩短产生的，应由发包人支付的费用。

【对比】　13 新增术语。

【解析】　2013 版清单规范将"提前竣工"列为引起合同价款调整的 15 大因素之一，因此增加了此项术语解释。

提前竣工的费用一般包括：加班费，夜间施工费用，压缩工期导致材料设备费的变化，合同价款调整中的物价变化。

招标投标找到工期费用最合适的临界点，发承包双方需要注意成本优化，工期优化。

(6)【13 术语】　2.0.25 误期赔偿费

承包人未按合同工程的计划进度施工，导致实际工期超过合同工期（包括经发包人批注的延长工期），承包人应向发包人赔偿损失发生的费用。

【对比】　13 新增术语。

【解析】　2013 版清单规范将"误期赔偿"列为引起合同价款调整的 15 大因素之一，因此增加了此项术语解释。新规范中，误期责任更明确，权利偏向无过错的一方。

例如：原计划 2 月份启动的门窗安装延期到 4 月份启动，刚好遇上涨价 10%，如果是由于施工方的原因则按低价走，业主的原因按高价走。这个例子给我们的启示就是：施工方管理不善导致延期，需给业主方赔偿，过程中的材料价格波动不予以调整。

(7)【13 术语】　2.0.50 合同价款调整

发承包双方根据合同约定，对发生的合同价款调整事项，提出、确认调整合同价款的行为。

【对比】　13 新增术语。

【解析】　明确了合同价款的调整行为，需有"依据"、"提出"及"确认"。

从 2013 清单规范可以看出这对造价调整管理要求更高了，也更细了，实操性也更强了，对我们常说造价调整的精细化管理也就必须要落实了，对于发包方，控成本就要控价款调整，规范明确提出了要从哪些维度、哪些因素去管去控。对于承包方要创收，也能从规范中清晰地了解从哪些方面可以合理合法的创收。

2. 一般规定条款解析

2013 版规范"一般规定"共 4 节、19 条，是在"08 规范"总则（第 1.0.3、1.0.4 条）、4.1 一般规定的基础上，增加了一些新的内容。较 08 版规范完善了"发包人提供材料和工程设备"、"承包人提供材料和工程设备"、"计价风险"3 部分的约定，增加 13 条规定。规定中 5 条强制性条文如下：

【13 版规范规定】　3.1.1 使用国有资金投资的建设工程发承包，必须采用工程量清单计价。

【13 版规范规定】　3.1.4 工程量清单应采用综合单价计价。

【13 版规范规定】　3.1.5 措施项目中的安全文明施工费必须按国家或省级、行业建设主管部门的规定计算，不得作为竞争性费用。

【13 版规范规定】　3.1.6 规费和税金必须按国家或省级、行业建设主管部门的规定计算，不得作为竞争性费用。

【13 版规范规定】　3.4.1 建设工程发承包，必须在招标文件、合同中明确计价中的风险内容及其范围，不得采用无限风险、所有风险或类似语句规定计价中的风险内容及范围。

3. 招投标阶段解析

招投标阶段包含"4. 工程量清单编制"、"5. 招标控制价"、"6. 投标报价"三部分内容，共计53项条款，其中强制性条款7项。

【规定对比解析】

（1）4.1.2 招标工程量清单必须作为招标文件的组成部分，其准确性和完整性由招标人负责。属于"工程量清单编制"部分。13清单和08清单的规定基本一致，依旧明确了招标清单的准确性和完整性应由招标人负责。

（2）4.2.1 分部分项工程项目清单必须载明项目编码、项目名称、项目特征、计量单位和工程量。属于"工程量清单编制"部分。13清单加强了分部分项工程项目清单的执行力度。强制要求分部分项项目清单必须仔细描述清单的五要素，并保障五要素的正确性和准确性，便于后期投标人进行准确的投标及规避结算纠纷风险。

（3）4.2.2 分部分项工程项目清单必须根据相关工程现行国家计算规范规定的项目编码、项目名称、项目特征、计量单位和工程量计算规则进行编制。属于"工程量清单编制"部分。与08清单相比完善了分部分项清单的编制依据，不再只是"根据附录"编制即可，必须要根据"现行国家计算规范的规定"进行编制，加强了对分部分项清单编制的要求，以保证清单准确性。

（4）4.3.1 措施项目清单必须根据相关工程现行国家计算规范的规定编制。属于"工程量清单编制"部分。该规定完善了措施项目清单的编制依据，必须要根据"现行国家计算规范的规定"编制，加强了对措施项目清单编制的要求，能正确规避这几年对措施这块存在的单价不易确定，结算困难以及风险难控做出有力保障。

（5）5.1.1 国有资金投资的建设工程招标，招标人必须编制招标控制价。属于"招标控制价"部分。更强调招标控制价编制的强制性。招标人通过招标控制价，可以清除投标人间合谋超额利益的可能性，有效遏制围标串标行为。投标人通过招标控制价，可以避免投标决策的盲目性，增强投标活动的选择性。

（6）6.1.3 投标报价不得低于工程成本。属于"投标报价"部分。更强调投标报价不得低于工程成本的强制性。承包商应依据本企业的技术实力和管理水平用编制投标报价，避免用低于成本的价格中标后，增加无谓的签证变更，或放弃施工导致工程重新招标等事情发生。

（7）6.1.4 投标人必须按照招标工程量清单填报价格。项目编码、项目名称、项目特征、计量单位、工程量必须与招标工程量清单一致。属于"投标报价"部分。强调工程量清单价格填报的强制性。

招标方必须保证该工程量清单编制的准确性和完整性，否则清单漏项、错误将会导致大量的工程变更，同时为投标方的恶意不平衡报价提供大量机会。

投标方必须严格按照招标工程量清单填报价格，不得对清单项进行增删或修改。相反，投标方可分析招标清单的实际情况进行合理的不平衡报价。

4. 合同价款约定解析

7.1.1 中标通知书发出之日起30日内，由发承包双方依据招标文件和中标人的投标文件在书面合同中约定。招标文件与中标人投标文件不一致的地方，应以投标文件为准。

解析：合同文件效力最高，造价管理就应该围绕合同管理（图1-15）

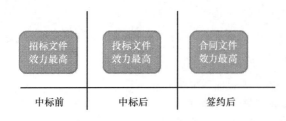

图1-15　不同阶段文件效力

5. 工程计量解析

8.1.1　工程量必须按照相关工程现行国家计算规范规定的工程量计算规则计算。

8.2.1　工程量必须以承包人完成合同工程应予计量的，按照现行国家计算规范规定的工程量计算规则计算的工程量。

解析：新增条款：意义1：强化了《计价规范》在工程量计量方面的作用。

意义2：进一步统一了承发包双方的计量规则，避免双方因为计量规则问题发生纠纷。与此同时，工程计量的条款中还明确了区分了单价合同与总价合同在计量方面的差异（表1-6）。

单价合同与总价合同在计量方面的差异　　　　　　　　　表1-6

	单价合同	总价合同	
		以工程量清单方式招标的总价合同	经审定批准的施工图纸及其预算方式发包形成的总价合同
计量方法	施工中工程量时，若发现招标工程量清单中出现缺项、工程量偏差，或因工程变更引起工程量的增减，应按承包人在履行合同义务中完成的工程量计算	同单价合同	按照工程变更规定引起的工程量增减外，总价合同各项目的工程量是承包人用于结算的最终工程量
计量周期	承包人应当按照合同约定的计量周期和时间，向发包人提交当期已完工程量报告	应以合同工程经审定批准的施工图纸为依据，发承包双方应在合同中约定工程计量的形象目标或时间节点进行计量	应以合同工程经审定批准的施工图纸为依据，发承包双方应在合同中约定工程计量的形象目标或时间节点进行计量

这时候，引入一个问题，既然工程计量所有的合同都可以用到，那么工程计量的范围是什么呢？查阅有关工程计量的规定不难看出，工程计量的范围是：承包人实际完成的工程量，除去承包人超出设计图纸（含设计变更）范围和因承包人原因造成返工的工程量。相关的规定对此的定义目前都是统一的。此处需要记住两点：①在2013清单规范和2012标准施工招标文件都对工程计量都有强调。②对于计量相关内容，都需要在合同中约定。主要是对"已计量时间的约定"和"计量确认方式的约定"，也就是我们经常说的，谁受益谁申请，由**受益方申请让另一方响应**（图1-16）。

6. 合同价款调整

这部分是本次调整的重点，也是各位理解起来会比较困难的一个地方，所以会着重来讲一下，穿插一些案例。

（1）法律法规引起的价款调整

此部分需要明确三个问题：①这部分规定从何而来？②哪些文件算作此调整需要考虑的范围。③基准日的概念。

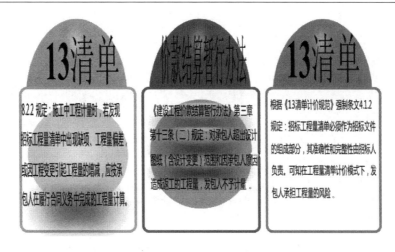

图 1-16　工程计量范围说明

先来陈述第一个问题，这部分规定从何而来；

因法律、行政法规和国家有关政策变化导致合同价款调整的规定，相关计价规范及合同文件均已明确，具体规定见表 1-7。

相关计价规范及合同规定表　　　　　　　　　　　　表 1-7

名称	13 版清单	08 版清单	56 号令	369 号文
条款内容	3.4.2 下列影响合同价款的因素出现，应由发包人承担：1. 国家法律、法规、规章和政策发生变化；2. 省级或行业建设主管部门发布的人工费调整，但承包人对人工费或人工单价的报价高于发布的除外；3. 由政府定价或政府指导价管理的原材料等价格进行了调整的	4.7.1 招标工程以投标截止日前 28 天、非招标工程以合同签订前 28 天为基准日，其后国家的法律、法规、规章和政策发生变化影响工程造价的，应按省级或行业建设主管部门或其授权工程造价管理机构发布的规定调整合同价款	16.2 在基准日后，因法律变化导致承包人在合同履行中所需要的工程费用发生除第 16.1 款约定以外的增减时，监理人应根据法律、国家或省、自治区、直辖市有关部门的规定，按第 3.5 款商定或确定需调整的合同价款	第八条（三）可调价格的因素包括：1. 法律、行政法规和国家有关政策变化影响合同价款；2. 工程造价管理机构的价格调整等。

综上诉述，发包人完全承担的是法律、法规、规章和政策变化等调整，此外还包括省级或行业建设主管部门发布的人工费调整、由政府定价或政府指导价管理的原材料等价格的调整。

第二个问题，哪些文件算作此调整需要考虑的内容：

1）法律法规变化引起原报价中的费率、税率、汇率等的调整，调整方式见表 1-8。

2）省级或行业建设主管部门发布的政策性文件引起人工单价的调整，调整方式依据 13 版清单第 3.4.2 款规定：省级或行业建设主管部门发布的人工费调整，但承包人对人工费或人工单价的报价高于发布的除外，由发包人承担，即依据省级或行业建设主管部门或其授权的工程造价管理机构发布的人工成本文件调整合同价款。

调整方式 表 1-8

内容	相关概念界定	调整依据	调整方式
规费费率变化	《建筑安装工程费用项目组成》二 （一）：规费是政府和有关权力部门规定必须缴纳的费用	13 版清单第 3.1.6 款规定必须按国家或省级、行业建设主管部门的规定计算，不得作为竞争性费用	根据国家主管部门颁布的法规，当新出台的法规规定对其调整时，承发包双方应按照相关的调整方法来进行合同价格的调整
税率变化	《建筑安装工程费用项目组成》（二）企业管理费税金：是指企业按规定缴纳的房产税、车船使用税、土地使用税、印花税等	13 版清单第 3.1.6 款规定必须按国家或省级、行业建设主管部门的规定计算，不得作为竞争性费用	当新出台的法规规定对其调整时，承发包双方应按照相关的调整方法对合同价格进行调整
安全文明施工费费率变化	《建筑安装工程费用项目组成》（二）措施费：指施工现场安全施工所需要的各项费用	13 版清单第 3.1.5 款规定必须按国家或省级、行业建设主管部门的规定计算，不得作为竞争性费用	当法规规定该部分费率要调整时应按实际的调整方法对工程价款进行调整

　　3）由政府定价或政府指导价管理的原材料等价格发生变化，以调价差的方式调整相应的合同价款。

　　第三个问题，基准日的概念：

　　招标工程投标截止日前 28 天为基准日。非招标工程以合同签订前 28 天为基准日。

　　13 版清单第 9.2.2 条中的"规定的调整时间"，为发承包双方确认调整合同价款的时间。"基准日"为投标截止日前第 28 天（非招标工程为合同签订前第 28 天）。在基准日之前，由承包人承担因国家的法律、法规、规章和政策发生变化而引起的工程造价增减变化。在基准日之后，由发包人承担因国家的法律、法规、规章和政策发生变化而引起的工程造价增减变化，见图 1-17。

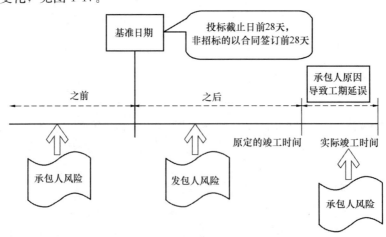

图 1-17　基准日

　　最后为了大家好理解，举一个例子说明。

背景:

某工程2月1日投标截止,2月8日评标中标,2月28日发包人与承包人签合同。合同约定2月28日为基准日期。而1月30日四川省工程造价管理机构发布新的价格信息。发包人与承包人因是否可以调价发生纠纷,请问是否可以调价?

案例分析:

[意见一] 本案例中,合同约定2月28日为基准日期,如果按照合同约定,法律法规变动发生在基准日期之前,则不予调价。

[意见二] 根据13版清单计价规范第9.2.1条规定,招标工程以投标截止日前28天为基准日。本案例中该工程2月1日投标截止,因此在2月1日前28天(即1月3日)基准日。如果按照13清单计价规范规定,法律法规变动发生在基准日期之后,则予以调价。

案例解答:

根据相关理论研究与司法实践,清单计价规范强制性条款的效力大于合同约定,而非强制性条款的效力小于合同约定,因清单第9.2.1条为非强制性条款,故其效力不及合同条款,应以合同条款约定为准,即[意见一]正确,不予调价。

(2)工程变更引起的合同价款调整

想掌握好这个条款,首先也需要搞清楚,到底什么叫做变更。

条款2.0.15 工程变更

合同工程实施过程中由发包人提出或由承包人提出经发包人批准的合同工程任何一项工作的增、减、取消或施工工艺、顺序、时间的改变;设计图纸的修改;施工条件的改变;招标工程量清单的错、漏从而引起合同条件的改变或工程量的增减变化。

变更的实质就在于一增一减一取消三改变,把握在这个重点之后,我们再看看一下针对变更的价款调整规定(图1-18)。

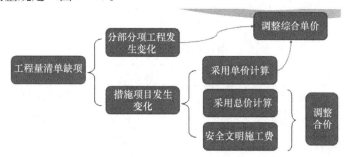

图1-18 工程变更引起的合同价款调整

条款9.3.1 工程变更引起已标价工程量清单项目或其工程数量发生变化,应按照下列规定调整:

1)已标价工程量清单中有适用于变更工程项目的,采用该项目的单价;但当工程变更导致该清单项目的工程数量发生变化,且工程量偏差超过15%,此时,该项目单价应按照本规范第9.6.2条的规定调整。

2)已标价工程量清单中没有适用、但有类似于变更工程项目的,可在合理范围内参照类似项目的单价。

3）已标价工程量清单中没有适用也没有类似于变更工程项目的，由承包人根据变更工程资料、计量规则和计价办法、工程造价管理机构发布的信息价格和承包人报价浮动率提出变更工程项目的单价，报发包人确认后调整。承包人报价浮动率可按下列公式计算：

招标工程：承包人报价浮动率 L =（1—中标价/招标控制价）×100%。

非招标工程：承包人报价浮动率 L =（1—报价值/施工图预算）×100%。

4）已标价工程量清单中没有适用也没有类似于变更工程项目，且工程造价管理机构发布的信息价格缺价的，由承包人根据变更工程资料、计量规则、计价办法和通过市场调查等取得有合法依据的市场价格提出变更工程项目的单价，报发包人确认后调整。

通过条文的分析，我们可以得出这样一些结论：①工程量清单缺项是工程变更的重要因素。②工程量清单缺项是发包人应承担的风险。③工程量清单缺项影响招标控制价。④清单综合的单价的确定分为：有适用、有类似、无适用或类似三种（表 1-9）。其中需要重点掌握报价浮动率。

确定原则对比　　　　　　　　　　　　　　　　　　　表 1-9

文件名称		08 版清单	13 版清单
确定原则	有适用	采用已有综合单价确定	采用适用单价，工程量偏差超过 15%，按 9.6.2 条确定
	有类似	参照类似综合单价	合理范围内参照类似单价
	无适用或类似	—	考虑报价浮动率来确定

（3）物价波动引起的合同价款调整

物价波动是我们经常会遇到的情况，有些材料的价格起伏变化都比较大，比如钢材每个月的价格都会差异较大。各地情况也有所不同，各地定额站定期也会发布当地的材料价格信息，因此结算过程中，由于材料变化引发的各种问题也从来都是大家头疼的内容。为了解决这个问题，08 清单计价规范提出过一些方案，但是有些内容不够细化，各地定额站陆续也发布过很多针对物价变动的文件，详见表 1-10。

针对物价变动的文件　　　　　　　　　　　　　　　　表 1-10

省市	年份	文件名称	具体规定
天津	2008	《建筑工程计价补充规定》（建筑［2008］881 号）	变化幅度大于合同中约定的价格变化幅度时，应当计算超过部分的价差，其价差由发包人承担或受益。
北京	2008	《关于加强建设工程施工合同中人工、材料等市场价格风险防范与控制的指导意见》（京造定［2008］4 号）	沥青混凝土、钢材、电线、木材、电缆、水泥、钢筋混凝土预制构件，预拌混凝土等对造价影响较大的主要材料以及人工和机械。风险可调幅度控制在 3%～6% 之间
上海	2008	《关于建设工程要素价格波动风险条款约定、工程合同价款调整等事宜的指导意见》（沪建市管［2008］12 号）	人工价格的变化幅度在 ±3% 以外的、钢材价格的变化幅度在 ±5% 以外的、除人工、钢材外其它材料价格的变化幅度在 ±8% 以外的应调整
江苏	2005	《关于工程量清单计价施工合同价款确定与调整的指导意见》（苏建价［2005］593 号）	材料价格上涨 10% 以内部分由承包人承担，10% 以外部分由发包人承担；材料价格下跌 5% 以内部分由承包人受益，5% 以外部分由发包人受益

续表

省市	年份	文件名称	具体规定
浙江	2008	《关于加强建设工程人工、材料要素价格风险控制的指导意见》（建建发［2008］163号）	人工费调整幅度：结算期人工市场价或合同前80%工期月份的人工信息价平均值与投标报价文件编制期对应的市场价或信息价之比上涨或下降15%以上时应该调整。 材料费调整幅度：单种规格材料的合价占工程合同造价的比例在1%及以上，且该材料价格波动幅度在10%以上；单种规格材料的合价占工程合同造价的比例在1%及以下，但材料价格波动幅度在20%以上
广东	2007	《关于建设工程工料机价格涨落调整与确定工程造价的意见》（粤建价函［2007］402号）	当人工、施工机械台班、材料（设备）价格涨落超过合同工程基准期价格10%时，应该进行调整
湖南	2008	《关于工程主要材料价格调整的通知》（湘建价［2008］2号）	市政工程及土建单项主要材料市场价格涨降幅度在3%以外，安装工程及装饰主要材料市场价格涨降幅度在5%以外时，应予以调整
湖北	2008	《关于调整部分主要建设工程材料价格的指导意见》（鄂建文［2008］190号）	材料上涨幅度10%（含10%）以内的风险由承包方承担，超过10%的部分，由发、承双方本着相互协商、风险共担的原则，双方协商调整

1）13版清单计价规范中第9.9.2条：承包人采购材料和工程设备的，应在合同中约定主要材料、工程设备价格变化的范围或幅度，如没有约定，则材料、工程设备单价变化超过5%，超过部分的价格应按照价格指数调整法或造价信息差额调整法计算调整材料、工程设备费。

2）新清单关于造价信息调整的原则：

材料费

① 当承包人投标报价中材料单价低于基准单价：施工期间材料单价涨幅以基准单价为基础超过合同约定的风险幅度值时，或材料单价跌幅以投标报价为基础超过合同约定的风险幅度值时，其超过部分按实调整。

② 当承包人投标报价中材料单价高于基准单价：施工期间材料单价跌幅以基准单价为基础超过合同约定的风险幅度值时，材料单价涨幅以投标报价为基础超过合同约定的风险幅度值时，其超过部分按实调整。

③ 当承包人投标报价中材料单价等于基准单价：施工期间材料单价涨、跌幅以基准单价为基础超过合同约定的风险幅度值时，其超过部分按实调整。

④ 承包人应在采购材料前将采购数量和新的材料单价报发包人核对，确认用于本合同工程时，发包人应确认采购材料的数量和单价。发包人在收到承包人报送的确认资料后3个工作日不予答复的视为已经认可，作为调整合同价款的依据。如果承包人未报经发包人核对即自行采购材料，再报发包人确认调整合同价款的，如发包人不同意，则不做调整。

造价信息调整原则　　　　　　　　　　　　表 1-11

前提条件	假设条件	对比基础	涨跌幅度	如何调
承包人投标报价中材料单价 <基准单价	涨价	基准单价	若超出约定幅度	超出部分按实调整
	跌价	投标单价		
承包人投标报价中材料单价 >基准单价	涨价	投标单价	若未超出约定幅度	保持不变
	跌价	基准单价		
承包人投标报价中材料单价 =基准单价	涨或跌	基准单价		

注意：承包方在采购材料前需要将采购数量与新材料单价报发包人核对，若未报发包人核对而自行采购的，如发包人不同意，再不作调整；报送确认资料 3 个工作日内，若发包人不答复视为认可。

同时针对材料调差，9.9.1 合同履行期间，因人工、材料、工程设备、机械台班价格波动影响合同价款时应根据合同约定的本规范附录 A 的方法之一调整合同价款。并提供了两种调整方法，见表 1-12。

两种调整方法　　　　　　　　　　　　表 1-12

方法名称	适用范围	调整价差
工程造价指数调整法	此法适用于使用的材料品种较少但每种材料使用量较大的土木工程，如公路、水坝等工程	工程合同价×竣工时工程造价指数/签订合同时工程造价指数
造价信息调整差额法	此法适用于使用的材料品种较多每种材料使用量较小的房屋建筑与装饰工程	在同一价格期内按所完成的材料用量乘以价差

针对这两种调差方法，在 2013 清单中给出了明确的计算方法，可以根据各地实际情况选择使用（图 1-19）。

图 1-19　两种调整方法

（4）合同价款期中支付

此部分最重要需要理解的部分就是"预付款"和"进度款支付"，其中 13 版清单计价规范新增条款 2.0.48 给出了"预付款"的定义，这与《标准施工招标文件》的基本相同（表 1-13）。

总结一下预付款的三个内容：

1）预付款必须专用于合同工程。仅用于购买合同工程施工所需的材料、工程设备及组织施工机械和人员进场等。

2）预付款的性质：发包人向承包人提供的无息贷款。

3）预付款三要素：预付款的支付时间、预付款的支付额度和预付款的扣回。这三个要素是在双方签订合同时重点需要协商的部分。

99 版《建设工程施工合同条件》第 24 条规定：实行工程预付款的，双方应当在专用条款内约定发包人向承包人预付工程款的时间和数额，开工后按约定的时间和比例逐次扣回。

07 版《标准施工招标条件》第 17.2.1 和 17.2.3 款中也规定：预付款的额度和预付办法在专用合同条款中约定，预付款在进度付款中扣回，扣回办法在专用合同条款中约定。

合同文件与计价规范关于预付款定义的对比分析   表 1-13

名称	99 版《FIDIC 施工合同条件》	07 版《标准施工招标文件》	13 版清单
颁布年	1999	2007	2013
条款号	14.2	第 17.2.1 条	新增条款第 2.0.48 条
具体内容	当承包商根据本款提交了银行预付款保函时，雇主应向承包商支付一笔预付款，作为承包商动员工作的无息贷款	预付款用于承包人为合同工程施工购置材料、工程设备、施工设备、修建临时设施以及组织施工队伍进场等。预付款必须专用于合同工程	发包人按照合同约定，在开工前预先支付给承包人用于购买合同工程施工所需的材料、工程设备以及组织施工机械和人员进场等的款项

《建设工程价款结算暂行办法》第七条中也规定：预付工程款的数额、支付时限及抵扣方式应在合同条款中进行约定。

通过以上法规和合同范本的对比可见，承发包双方在合同中应针对预付款约定的三个要素为预付款的支付时间、预付款的支付额度和预付款的扣回这三个主要内容（图 1-20）。

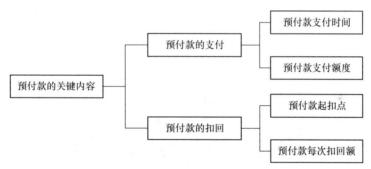

图 1-20 预付款的关键内容

接下来针对进度款的内容：

13 版清单计价规范第 10.3.7 条规定：进度款的支付比例按照合同约定，按期中结算价款总额计，不低于 60%，不高于 90%。

《建设工程价款结算暂行办法》第十三条（三）工程进度款支付规定：根据确定的工程计量结果，承包人向发包人提出支付工程进度款申请，14 天内，发包人应按不低于工程价款的 60%，不高于工程价款的 90% 向承包人支付工程进度款。按约定时间发包人应扣回的预付款，与工程进度款同期结算抵扣。

工程进度款支付程序见图 1-21。

13 版清单计价规范中一些重要的条款解读就告一段落，总结一下计价规范需要重点掌握的内容：

1）条文由 137 条增加到了 329 条，新增了 192 条；术语由 23 个增加为 52 个。很多术语的引入对造价管理思想影响很大，比如：工程量偏差、签约合同价、合同价款调

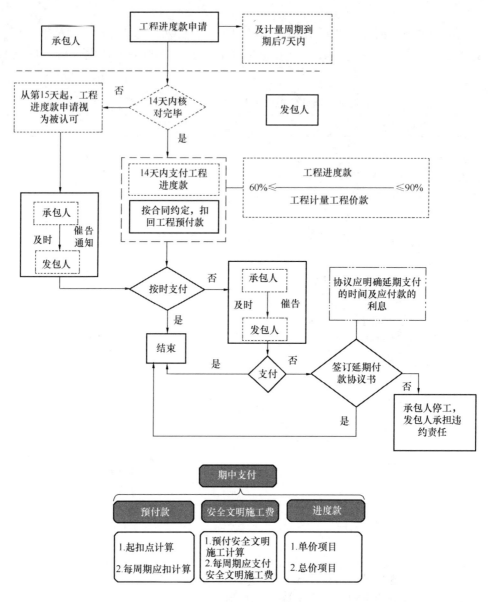

图 1-21　工程进度款支付程序

整等;

2）增加了实施阶段的概念，使施工过程中的造价管理和结算更加具有可操作性。使清单计价真正能从招标到结算打通，不再出现清单招标定额结算;

3）增强了和合同的契合度，强化了强制性条款的语气，进一步强化规范的效力;

4）指导精神变化：从事后算总账到事前算细账，造价人员要转变自己的意识提高自己的能力，不仅仅要求自己是一个熟悉定额和规则的造价人员，而是应该应该成为精通招投标施工实施造价管理的管理人才。

第2章 2013清单规范模式下的实例工程 装饰装修工程

在第1章中重点讲解了2013版工程量清单规范（以下简称2013清单规范）的内容，由此可见，工程量清单的实施与应用，对我国建筑行业规范化发展有着深远的意义。

同时，工程量清单招投标也成为规范我国建设市场秩序的有效措施，是与国际接轨的需要。它能进一步体现招投标公平竞争的原则、风险合理分担的原则、科学和公正评标原则、能有效控制工程索赔，而且更能体现企业的综合实力。建设企业应该对工程量清单招投标及其计价方法予以充分的重视，与时俱进，不断积累经验。

下面，本章就通过讲解如何使用广联达计价软件 GB Q4.0（以下简称 GB Q4.0）编制招标投标实例工程，进一步讲解2013清单规范在招标、投标中的应用。

2.1 编制招标控制价

2013清单规范中规定：招标人应根据国家或省级、行业建设主管部门颁发的有关计价依据和办法，以及拟定的招标文件和招标工程量清单，结合工程具体情况编制招标工程的最高投标限价。即招标控制价。同时，招标人应在发布招标文件时公布招标控制价，同时应将招标控制价及有关资料报送工程所在地（或有该工程管辖权的行业管理部门）工程造价管理机构备查。

由此可见，招标人在编制招标工程量清单的同时，还要编制招标控制价。为提高招标人工作效率，这两项工作在 GB Q4.0 中是同时完成的。

下面具体讲解如何编制招标控制价。

2.1.1 新建项目

首先，建设项目是固定资产再生产的基本单位，一般是指经批准包括在一个总体设计或初步设计范围内进行建设，经济上实行统一核算，行政上有独立组织形式，实行统一管理的建设单位。通常以一个企业、事业行政单位或独立的工程作为一个建设项目。属于一个总体设计中的主体工程及相应的附属、配套工程、综合利用工程、环境保护工程、供水、供电工程等，只作为一个建设项目。根据工程设计要求以及编审建设预算、制订计划、统计、会计核算的需要，建设项目又进一步划分为单项工程、单位工程、分部工程及分项工程。因此，在招投标阶段，编制招标文件时，整个项目应作为一个整体进行编制。

根据以上要求，我们可以看出工程项目实际可分为建设项目、单项工程、单位工程三个级别，分部工程及分项工程直接作为单位工程预算的一部分。举个例子来说：整个学校就是一个【建设项目】，学校里面的宿舍楼是【单项工程】，盖办公楼有建筑、装饰装修、安装部分，这些就是【单位工程】，装饰装修里面又分为门窗工程、楼地面、天棚等工程，这些就叫【分部工程】，天棚工程面要分抹灰、吊顶等，这些就叫【分项工程】。如图 2-1 所示：

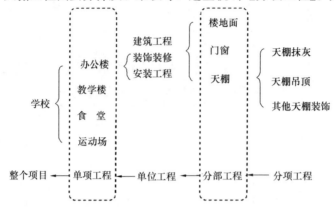

图 2-1　工程项目划分

　　综上所述，广联达计价软件 GB Q4.0 为满足实际招投标业务要求，提供了项目三级管理结构。按项目新建工程，按单项、单位工程编制专业工程组价后，项目级自动汇总，便于对整个项目的工程造价进行管理。操作步骤如下：

　　打开广联达计价软件 GB Q4.0，选择新建项目－招标，选择要使用的计价标准，输入项目名称及编号，点击下一步（见图 2-2）。

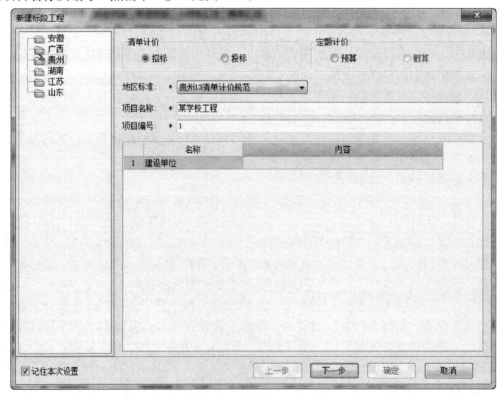

图 2-2　新建项目

　　（1）分析本工程结构，根据软件引导，新建项目三级结构（图 2-3）；

（2）新建单位工程时，可以选择按向导新建及按模板新建两种方式：

1）按向导新建：选择2013新清单、清单专业、定额库及定额专业，并根据实际工程需要，选择工程类别和纳税地区（注：根据各地定额库不同，这里有不同的选项）（图2-4）；

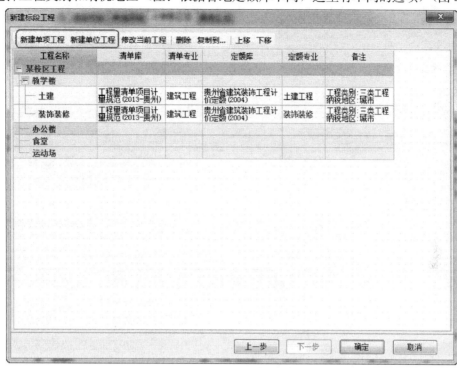

图2-3 新建项目三级结构

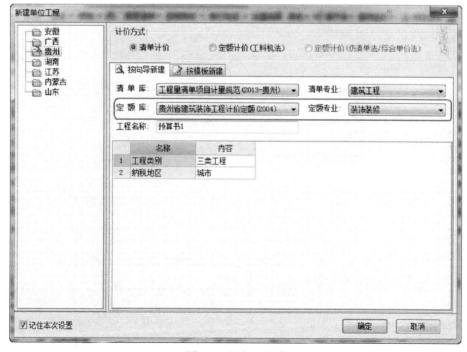

图2-4 按向导新建

2）按模板新建：如果我们日常工作中，经常用到的定额库以及计价模式都是相同的，那么，就可以把这个常用的模式保存成模板，以后就可以利用这个保存的模板来新建工程，这样可以简化新建过程，提高工作效率，如全费用模式的工程（图 2-5）；

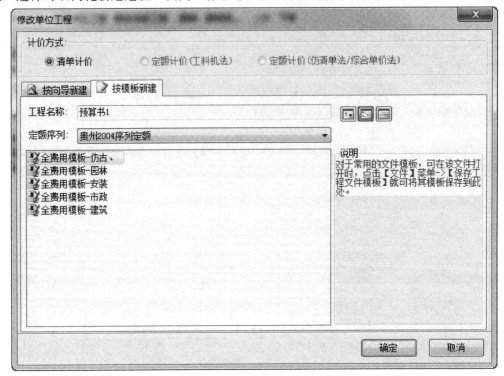

图 2-5　按模板新建

（3）新建完成后，点击确定，进入工程编辑界面。

2.1.2　编制单位工程

编制单位工程一般会按照编制分部分项工程量清单及组价—编制措施项目清单及组价—编制其他项目清单计价—调整人材机价格—记取规费税金，输出招标控制价—生导出电子招标书的业务流程来编制。

1. 编制分部分项工程量清单组价

（1）工程概况的输入

新建一个空白工程之后，首先要输入工程的一些概况，这样报表就能够正确输出工程的相关信息。

① 点击导航栏"工程概况"（图 2-6）；

② 工程概况中，包含三部分：【工程信息】【工程特征】【编制说明】；

【工程信息】可以输入工程的基本信息，如"工程名称"、"建设单位"、"施工单位"等。

【工程特征】用于输入工程的特征信息，例如："工程类型"、"结构类型"、"建筑面积"等。

【编制说明】主要用于编制工程的说明信息，如编制依据等。

图 2-6 输入工程概况

（2）导入广联达算量工程文件

招标工程量清单的输入，在软件中有两种方式：一种是通过算量软件计算出工程量后，在算量软件中直接套用清单及做法，通过 GB Q4.0 中【导入广联达算量工程文件】的功能实现。

① 点击菜单栏【工具】－【导入广联达算量工程文件】（图 2-7）；

②点击"请选择 GCL 工程文件路径"右面的"浏览"按钮，打开的窗口中，指定广联达算量工程文件（图 2-8）；

③ 点击"导入"按钮（图 2-8）；

④ 点击"确定"按钮，完成导入（图 2-9）。

注：此时如果想要导入预算书时自动将措施项目导入到措施项目页签中，则需要在算量软件提前指定哪些为措施项目。

（3）手工录入清单

招标工程量清单输入的另一种方式即为手工录入。

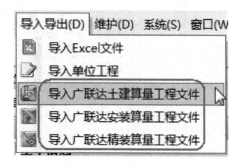

图 2-7 点击菜单栏

① 直接输入：直接输入清单号，例如 010901001001，清单会进入到分部分项页面（图 2-10）；

② 跟随输入：如果要输入的清单和前一条清单属于同一章，那么，直接输入序号，无需输入章节号，软件会自动增加章节号。例如：在上一条清单的下面直接输入 3，则清单号自动为 010901003001；

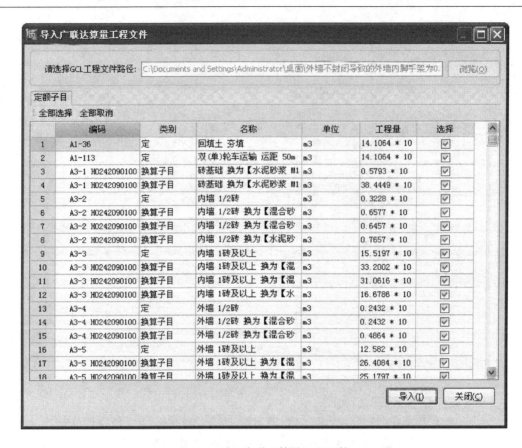

图 2-8　导入广联达算量工程文件

图 2-9　点击"确定"按钮

图 2-10　分部分项页面

③ 查询输入：如果对工程所在地的清单不是很熟悉，可以通过查询清单的方法，输入清单项。

点击功能区【查询】（图 2-11），在弹出的查询窗口中选择插入清单；或者直接利用软件左侧【查询】页签，双击鼠标选择，或直接将所选清单拖拽到分部分项编辑区即可。

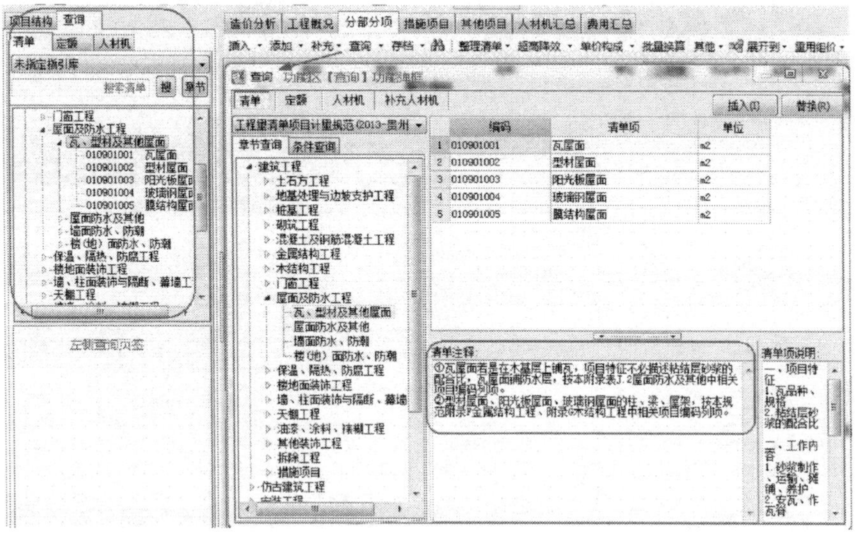

图 2-11 查询负面

④ 补充清单的输入：当要输入的清单不是标准清单时，可以按以下几种方式手动补充清单：

A. 点击工具栏【补充】按钮，展开的下拉选项中选择【清单】；

B. 直接输入要补充的清单编码，例如 01B001；

C. 点击鼠标右键【补充】按钮，展开的下拉选项中选择【清单】。软件自动根据您所选的专业，赋予编码值，您可以在此框中填写名称、单位、项目特征、工作内容及计算规则，点击确定后，完成操作（图 2-12）；

（4）清单注释及工程量计算规则查看

2013 清单规范对每一条清单均增加了清单注释及计算规则，针对此业务要求，软件在查询清单时，提供了【清单注释】及【清单项说明】的查看。另外，在编制清单过程中，也可以通过【属性窗口】下【说明信息】进行查看（图 2-13）。

（5）选择清单单位

2013 清单规范规定：有两个或两个以上计量单位的项目，在工程计量时，应结合拟建工程工程项目的实际情况，选择其中一个作为计量单位，在同一个建设项目（或标段、合同段）中，有多个单位工程的相同项目计量单位必须保持一致。

针对这个规定，在软件中第一次输入某条清单时，如果清单存在两个单位，会弹出单位选择框，如 010802001 金属塑钢门，输入时会弹出以下对话框（图 2-14）：

选择之后，如果单位工程中再次需要使用此清单，软件会默认单位同之前选择过的单位一致。

（6）清单项目特征的输入

2013 清单规范中规定：分部分项工程项目清单必须载明项目编码、项目名称、项目特征、计量单位和工程量。

在软件中输入项目特征的方法为：

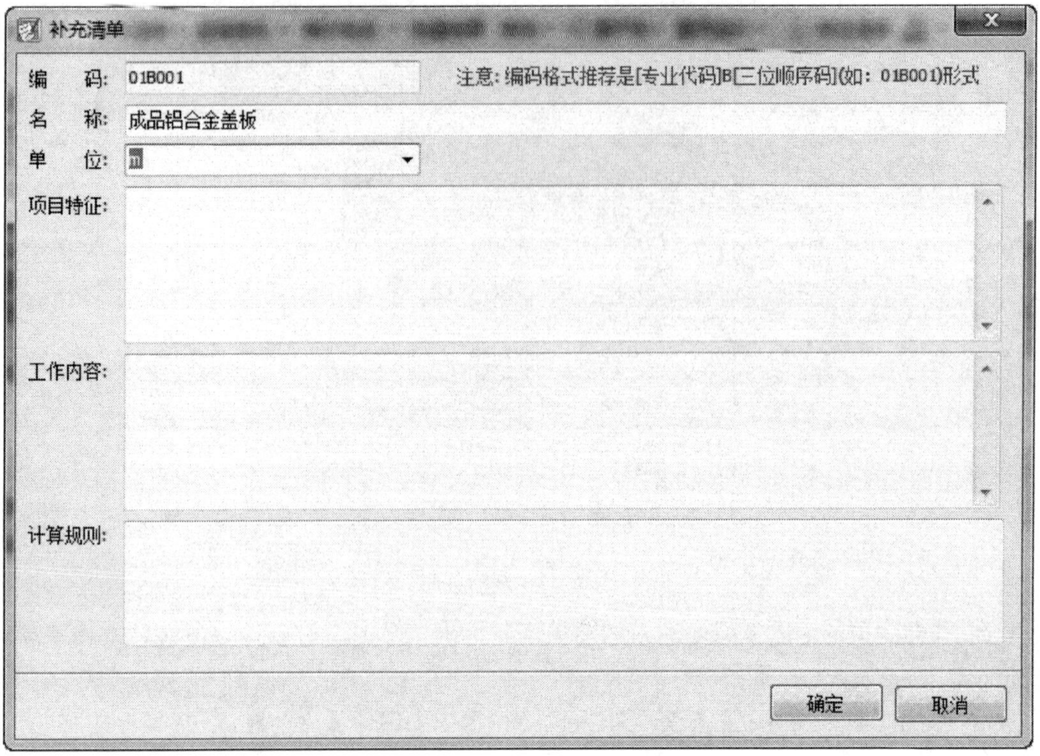

图 2-12 补充清单

图 2-13 说明信息

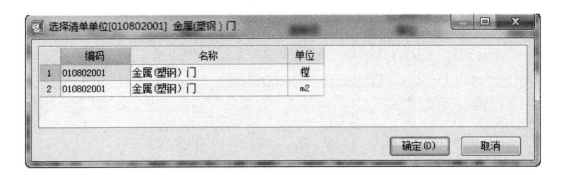

图 2-14 选择清单单位

① 直接输入：在清单的【项目特征】单元格，直接输入内容，或点击三个点按钮，在弹出的对话框中输入（图2-15）；

② 关联输入：软件中内置了清单规范中规定的清单项的项目特征项，可以在【属性窗口】——【特征及内容】中将每项清单的特征值输入完成之后点击【应用规则到所选清单项】或【应用规则到全部清单项】即可（图2-16）。

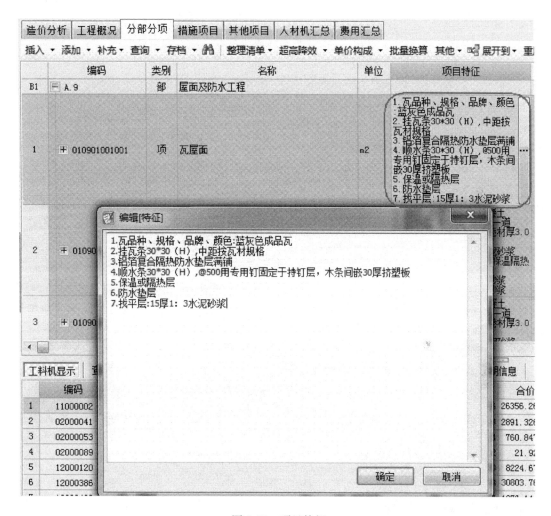

图2-15　项目特征

③ 保存特征值：如果工程中存在一些特征值希望可以在以后的工程中重复使用，则点击下方【保存特征值】（图2-17），这样在之后其他工程中输入本条清单时，直接在特征值单元格中下拉选择就可以了，不需要再手动输入。

④ 保存项目特征：同样的，一个工程中会有很多相似的清单项，他们的项目特征一般也是相似的，此时可以只针对一条清单进行项目特征描述，之后其他清单直接引用后修改即可。方法是：利用【保存特征值】后的【保存项目特征描述】。保存之后，相似清单进行项目特征描述时可以直接点击工具栏【查询】下【查询项目特征方案】（图2-18），软件自动会根据前9位编码过滤出相似清单的项目特征，选择

图 2-16　特征及内容

图 2-17　保存特征值

即可。

　　另外，保存后的项目特征也可以与其他人共享使用。点击菜单栏【维护】—【清单项

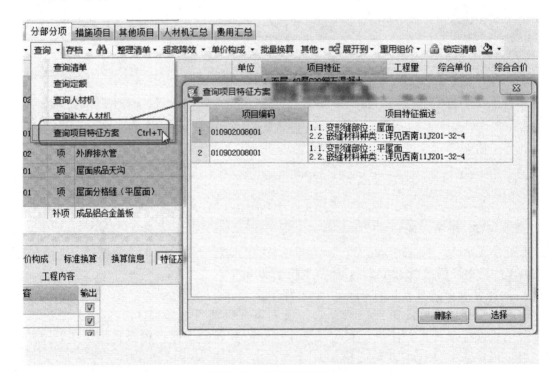

图 2-18　查询项目特征方案

目特征维护】(图2-19),在弹出的窗口中可以修改描述的特征内容,也可以进行【导入导出】,实现与他人的共享。

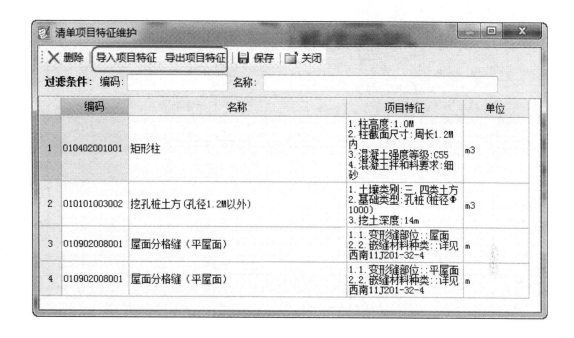

图 2-19 清单项目特征维护

(7) 清单工程量的输入

① 直接输入:直接输入清单工程量,或者输入工程量计算式,例如:2 * 0.9 * 182 (图2-20)。

图 2-20 工程量表达式

② 图元公式:就是利用软件中提供的常用面积、体积、周长、送电线路的公式,通过输入参数,把计算的结果作为工程量输入。

A. 选择要输入工程量的清单项,点击菜单栏【工具】—【图元公式】,或者直接点击工具栏图元公式按钮;

B. 在弹出的对话框中,左上角选择公式类别,例如面积公式。参数图中选择需要的参数图,例如1.11椭圆形面积,输入参数(图2-22);

C. 点击【选择】按钮,则计算式会自动填到下面"计算公式表达式预览"框中,点击【确定】,则结果会输入到当前清单项中。

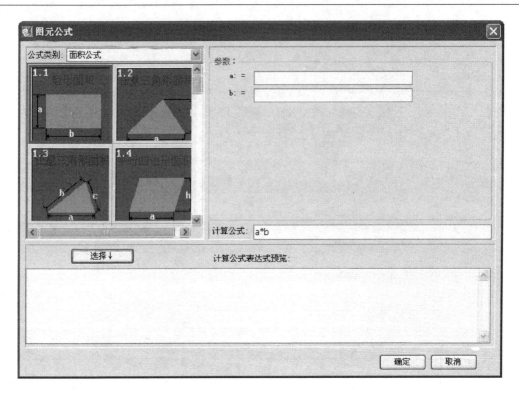

图 2-21　选择图元公式

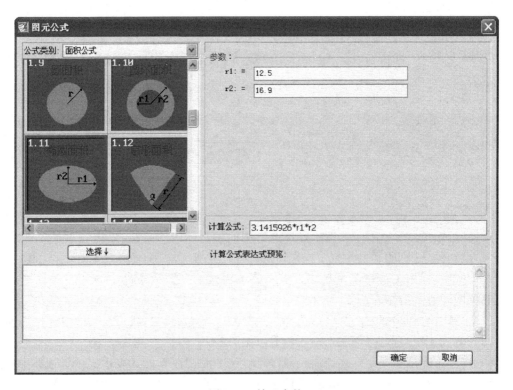

图 2-22　输入参数

③ 工程量明细：针对一些特殊构件需要手工计算的时候，也可以直接在计价软件中进行此项工作，可以利用工程量明细，来输入多个表达式计算工程量。选择清单项，点击【属性窗口】中【工程量明细】（图 2-23），直接输入表达式即可。此处也可也输入文字注释，方便后期对量。

工料机显示	查看单价构成	标准换算	换算信息	安装费用	特征及内容	工程量明细	查询用户清单	说

	内容说明	计算式	结果	累加标识	引用代码
	计算结果		55		
1	房间1	{宽}3*{长}5	15.0000	☑	
2	房间2	3*4	12.0000	☑	
3	客厅	6*4	24.0000	☑	
4	餐厅	2*2	4.0000	☑	
5		0	0.0000	☑	

图 2-23 工程量明细

（8）输入定额

清单下定额子目的输入方法分为：直接输入、关联输入、查询输入、补充子目输入、人材机当子目输入、借用子目输入。

① 直接输入：与清单的输入方法一样，在清单项处点击鼠标右键，选择【插入子目】，在【子目编码】位置直接输入"定额编码"即可；

② 关联输入：当对本地定额不熟悉时，可以通过输入定额名称关键字查找相应子目。例如：在【名称】处输入"细石混凝土"（图 2-24），软件会自动过滤出名称中包含"水泥"的定额子目，选择使用即可；

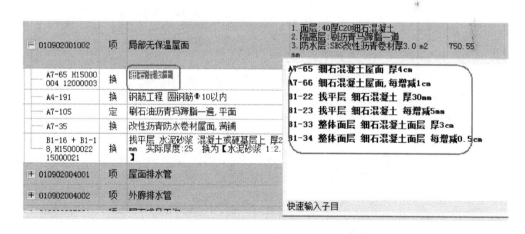

图 2-24 关联输入

③ 查询输入：点击工具栏【查询】，在定额库中找到要使用的定额子目【选择】即可；

④ 补充子目输入：定额本中没有的定额子目，需要补充，方法是：

A. 点击工具栏【补充】按钮，选择【子目】，或者直接输入补充定额号，例如：B001（图 2-25）；

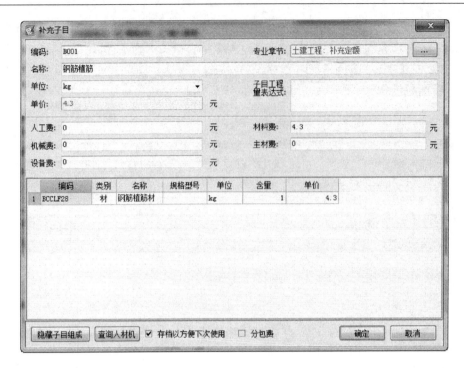

图 2-25 补充子目

B. 依次输入【编码】、【名称】、【单位】、【子目工程量表达式】、【人工费】、【材料费】、【机械费】、【主材费】、【设备费】，点击【确定】即可；

C. 如果想编辑补充子目的工料机构成，可以在【子目构成】中编辑：在下面的窗口中点击鼠标右键，通过【查询人材机】，插入、添加人材机来编辑工料机构成（图 2-26）；

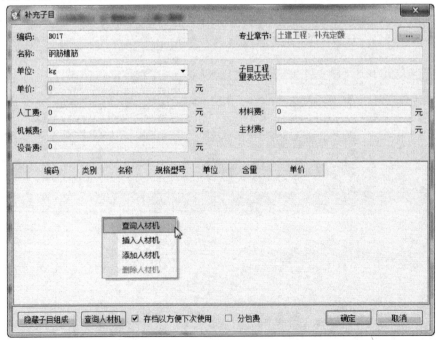

图 2-26 编辑子目构成

D. 存档以方便下次使用。

⑤ 人材机当子目输入：直接输入定额库中的人材机号，可以直接把人材机当子目输入。

A. 直接输入：输入 11000003，会把综合工日输入预算书，这个随各地定额不同而不同。

B. 补充人材机当子目使用：在工具栏【补充】下选择人、材、机、主材、设备，在弹出的窗口中输入相关信息就完成工料机的补充（图 2-27）；

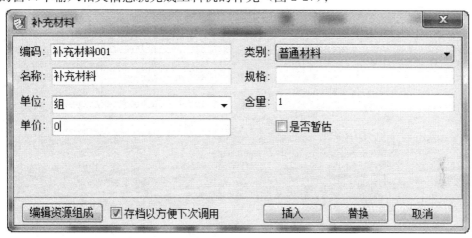

图 2-27　补充材料

⑥ 借用子目输入：借用其他定额的子目，在【查询】窗口中切换为其他定额后进行输入即可（图 2-28）。

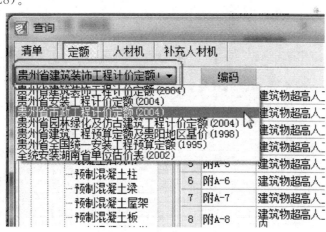

图 2-28　借用子目输入

（9）子目工程量输入

子目工程量的输入与清单工程量输入方法基本相同，唯一不同的是，当子目自然单位与清单单位相同时，输入子目后，软件会自动默认子目工程量＝QDL，无需再手动输入。

（10）子目换算

按照定额说明或者工程实际情况，对定额子目进行换算。子目换算的方法有标准换算、直接输入换算、批量换算、手工换算、人材机类别换算，换算之后，我们可以查看换算信息，必要时候，可以取消换算。这我们主要讲定额标准换算、批量换算、查看换算信息及取消换算的方法。

1) 标准换算：输入定额子目后，软件会自动弹出标准换算对话框，在可以直接选择换算的内容，也可以直接进行工料机的系数换算（图 2-29）；

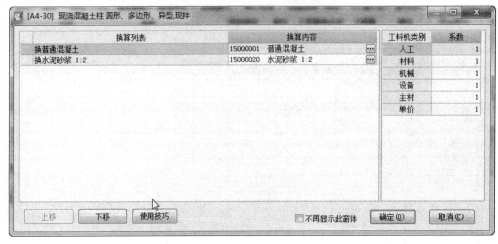

图 2-29　标准换算

如果觉得每次弹出换算框不方便，可以将下面【不再显示此窗体】打勾，此时就可以直接在【属性窗口】中【标准换算】中进行此项工作（图 2-30）；并且再次窗口可以进行【取消换算】的操作；

2) 批量换算：即多条子目进行同一项换算时可以使用。

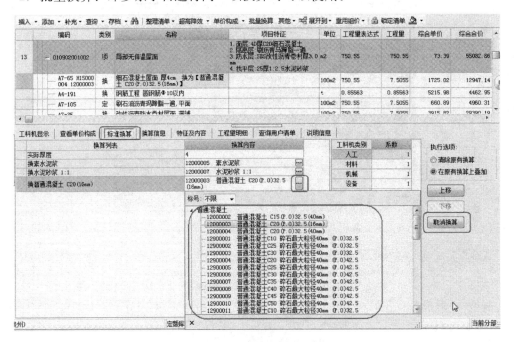

图 2-30　选择换算内容

① 框选或用 ctrl＋鼠标左键多选定额子目后，点击工具栏【批量换算】(图 2-31)，在弹出的对话框中直接进行【工料机系数换算】或替换【人材机】；

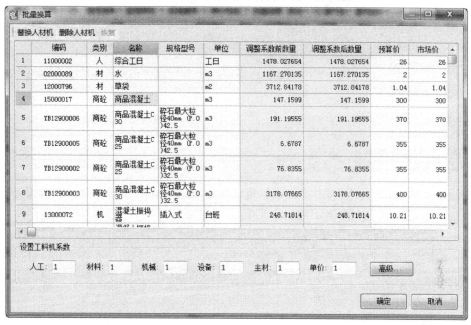

图 2-31 批量换算

② 替换人材机时，选择要替换的材料，点击【替换人材机】，在弹出的对话框中软件会根据材料名称直接定位，选择目标材料，点击【替换】即可 (图 2-32)；

图 2-32 替换人材机

3）查看换算信息：点击【属性窗口】中【换算信息】即可查看。【换算信息】窗口中，列出了当前子目做过的所有换算的换算串、换算说明和换算来源。如果想取消某一步换算，可以选择这个换算，点击右面的"删除"按钮（图 2-33）。

图 2-33　换算信息

2. 编制措施项目清单及组价

2013 清单规范中增加了可计量措施的清单，如模板、脚手架等，并提供对应的清单项，并给出了项目特征、工程内容、工程量计算规则等。并且将通用措施项目揉进了各专业中，按各专业赋予了 9 位清单编码，明确了清单编码、项目名称、工作内容及包含范围。增加了措施项目的可操作性。

（1）编制安全文明施工费等通用措施项目

软件措施项目模板中根据不同专业内置了通用措施项目及其费率，只需根据工程实际情况计算措施项目费用即可（图 2-34）。

序号	类别	名称	单位	项目特征	组价方式	计算基数	费率(%)
-		**措施项目**					
1	011707001001	安全文明施工(含环境保护、文明施工、安全施工、临时设施)	项		计算公式组价		2.3
2	011707002001	夜间施工	项		计算公式组		0.69
3	011707003001	非夜间施工照明	项		计算公式组		
4	011707004001	二次搬运	项		计算公式组		0.92
5	011707005001	冬雨季施工	项		计算公式组		1.61
6	011707006001	地上、地下设施、建筑物的临时保护设施	项		计算公式组		4.6
7	011707007001	已完工程及设备保护	项		计算公式组		

图 2-34　措施项目

（2）可计量措施清单组价

1）提取模板项目

① 点击工具栏【提取模板项目】，在弹出对画框中，软件会自动匹配混凝土子目及模板子目，并根据当地规范给出换算系数（图 2-35）；

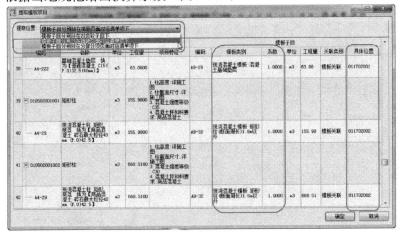

图 2-35　提取模板项目

② 此时需要注意在提取模板对话框中选择提取的位置：模板提取到对应混凝土子目下、提取到措施项目相应清单下、提取到分部分项页面对应清单下。选择位置后，指定具体位置，即指定到具体的清单项下，确定后模板子目就自动生成了（图 2-36）。

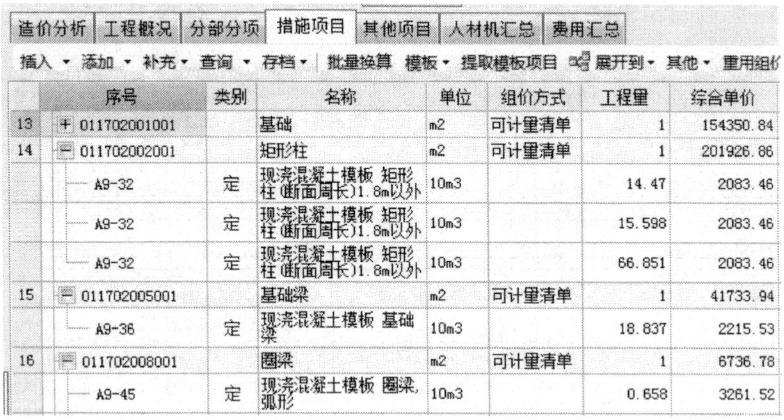

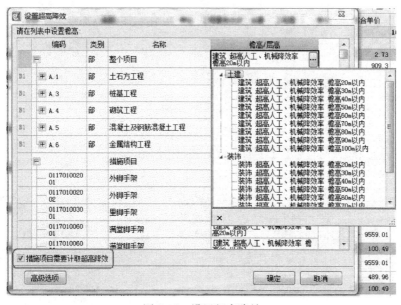

序号		类别	名称	单位	组价方式	工程量	综合单价
13	+ 011702001001		基础	m2	可计量清单	1	154350.84
14	- 011702002001		矩形柱	m2	可计量清单	1	201926.86
	— A9-32	定	现浇混凝土模板 矩形柱(断面周长)1.8m以外	10m3		14.47	2083.46
	— A9-32	定	现浇混凝土模板 矩形柱(断面周长)1.8m以外	10m3		15.598	2083.46
	— A9-32	定	现浇混凝土模板 矩形柱(断面周长)1.8m以外	10m3		66.851	2083.46
15	- 011702005001		基础梁	m2	可计量清单	1	41733.94
	— A9-36	定	现浇混凝土模板 基础梁	10m3		18.837	2215.53
16	- 011702008001		圈梁	m2	可计量清单	1	6736.78
	— A9-45	定	现浇混凝土模板 圈梁,弧形	10m3		0.658	3261.52

图 2-36　模板子目

2）记取超高施工增加费

2013 清单规范中对超高施工增加费的计算也给出了明确的清单项及计算规则。关于超高施工增加费的清单注释中注明：

① 单层建筑物檐口高度超过 20m，多层建筑物超过 6 层时，可按超高部分的建筑面积计算超高施工增加。计算层数时，地下室不计入层数。

② 同一建筑物有不同檐高时，可按不同高度的建筑面积分别计算建筑面积，以不同檐高分别编码列项。

超高施工增加费的快速计算软件中是通过【超高降效】功能实现的（图 2-37）。

图 2-37　设置超高降效

① 直接点击分部分项页面工具栏【超高降效】按钮，在弹出的对话框中会列出分部分项和措施页面的各个分部，可以给不同的分部指定不同的层高/檐高，计算各自的超高降效；

② 若措施项目的超高降效费用另计，可以将左下角【措施项目需要记取超高降效】去掉勾选即可。

3）脚手架等其他措施：参考分部分项清单的输入及组价方式即可（图 2-38）。

11	011701006001		满堂脚手架	m2	可计量清单	39915.91	0.74
	A10-59	定	墙、柱面,活动脚手架	100m2		399.1591	73.76
12	011701006002		满堂脚手架	m2	可计量清单	24418.27	1.44
	A10-60	定	脚手架工程活动脚手架 天棚活动脚手架	100m2		244.1827	144.42
13	011705001001		大型机械设备进出场及安拆	台次	可计量清单	1	59752.07
	A12-18	定	自升式塔式起重机 场外运输费用	台次		1	32173.45
	A12-30	定	自升式塔式起重机 安装拆卸费用	台次		1	27578.62
14	011703001001		垂直运输	m2	可计量清单	15453.5	6.4
	A11-3 *0.85	换	一般建筑物(结构) 建筑物檐高20m以内	100m2		154.535	640.2

图 2-38 脚手架组价

3. 编制其他项目清单计价

其他项目清单包含暂列金额、暂估价（材料暂估价、工程设备暂估单价、专业工程暂估价）、计日工、总承包服务费。编制招标工程量清单时，招标方需要编制暂列金额、暂估价，计日工表中"项目名称"、"单位"、"暂定数量"，总承包服务费表中"项目名称"、"项目价值"、"服务内容"。具体内容见图 2-39。

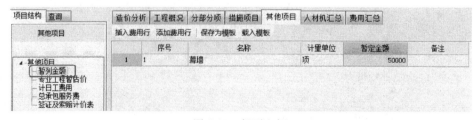

图 2-39 其他项目

（1）暂列金额编辑

1）鼠标点击导航栏，选择【暂列金额】，见图 2-40；

图 2-40 暂列金额

2）在右边的窗口里，输入暂列项的名称、单位、金额即可；

3）如果有多个暂列项，请在右边的窗口里点击右键，选择【插入费用】或【添加费用】，然后重复第二步操作即可；

4）如需删除，请先选择需要删除的费用项，点击右键选择【删除】或选择【编辑工具条】里的【删除】。

（2）专业工程暂估价：同暂列金额编辑操作。

（3）材料暂估价：软件已经设置好取费基数，此笔费用会直接从分部分项及措施项目中提取。

4. 调整人材机价格

招标方编制招标控制价需要调整人材机市场价格，一般采用的是社会平均价格，依据省级、行业建设主管部门或其授权的工程造价管理机构公布的人、材、机价格计算。

（1）修改人、材、机市场价

在人、材、机汇总界面，点击选择需要修改市场价的人材机，在市场价列输入所需实际市场价，修改完毕后，软件将以换色底色与未调价的材料来区分，图 2-41；

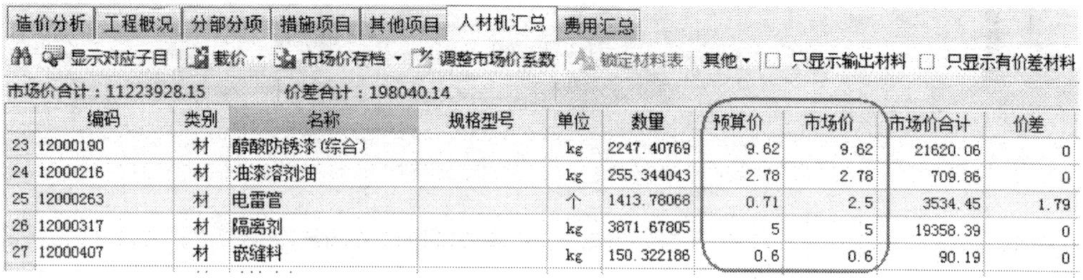

	编码	类别	名称	规格型号	单位	数量	预算价	市场价	市场价合计	价差
23	12000190	材	醇酸防锈漆(综合)		kg	2247.40769	9.62	9.62	21620.06	0
24	12000216	材	油漆溶剂油		kg	255.344043	2.78	2.78	709.86	0
25	12000263	材	电雷管		个	1413.78068	0.71	2.5	3534.45	1.79
26	12000317	材	隔离剂		kg	3871.67805	5	5	19358.39	0
27	12000407	材	嵌缝料		kg	150.322186	0.6	0.6	90.19	0

图 2-41　人材机汇总

（2）载入信息价/市场价

除了直接修改人材机的市场价外，我们可以载入软件根据政府部门发布的信息价做好的信息价或市场价文件。

1）点击【载价】的【载入价格文件】（图 2-42），在弹出的窗口里找到需要的信息价文件，选择后点击【确定】，工程的人材机市场价将自动修改为市场价文件里相同材料的市场价；

2）如果之前已经做过类似的工程，可以复用历史工程的市场价。点击【载入历史工程市场价文件】，软件弹出工程选择窗口，选择需要的历史工程，点击【打开】，软件将把此历史工程的人材机市场价格应用到当前工程相同人材机上。

（3）暂估材料

2013 清单规范中规定：暂估价中的材料、工程设备单价应按招标工程量清单中列出的单价计入综合单价。因此在招标控制价中设置材料暂估价，只需要按照普通材料计价，勾选为暂估价即可。

1）单独勾选：在分部分项页面的属性窗口【工料机显示】页签中，找到暂估材料，在【是否暂估】列打勾即可（图 2-43）；

2）统一勾选：在人材机汇总页面，选择材料页签，在【是否暂估】列将所有暂估材料一次性勾选即可（图 2-44）；

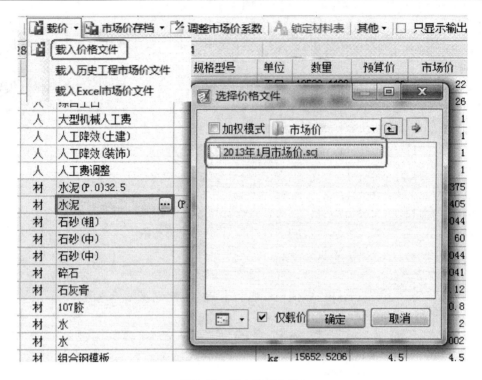

图 2-42　载入价格文件

	编码	类别	名称	规格及型号	单位	损耗率	含量	数量	定额价	市场价	合价	是否暂估
1	11000002	人	综合工日		工日		25.743	470.422	26	26	12230.98	
2	HNTCBW	材	混凝土彩瓦424*335		千块		1.078	19.6991	9000	9000	177292.4	☑
3	12000120	材	普通松杂锯材		m3		0.464	8.47904	970	970	8224.67	
4	12000469	材	铜丝		kg		2.265	41.3901	26	26	1076.14	
5	12000535	材	铁钉		kg		17.823	325.693	5.41	5.41	1762	
6	12000830	材	其他材料费		元		56.36	1029.91	1	1	1029.91	
7	13000169	机	其他机械费		元		7.64	139.611	1	1	139.61	

图 2-43　单独勾选暂估材料

	编码	类别	名称	规格型号	单位	数量	预算价	市场价	市场价合计	供货方式	是否暂估
4	02000011	材	石砂(中)		m3	32.972572	32	60	1978.35	自行采购	
5	02000012	材	石砂(中)		kg	503121.709	0.023	0.044	22137.36	自行采购	
6	02000022	材	碎石		kg	3317693.77	0.02	0.041	136025.44	自行采购	
7	02000037	材	石灰膏		kg	32724.872	0.088	0.12	3926.98	自行采购	
8	02000062	材	107胶		kg	113.102	0.8	0.8	90.48	自行采购	
9	02000089	材	水		m3	4444.57009	2	2	8889.14	自行采购	
10	02000090	材	水		kg	609029.276	0.002	0.002	1218.06	自行采购	
11	12000086	材	组合钢模板		kg	15652.5206	4.5	4.5	70436.34	自行采购	
12	12000092	材	钢管	Φ48×3.5m	kg	26019.0049	3.2	3.2	83260.82	自行采购	
13	12000120	材	普通松杂锯材		m3	163.971257	970	970	159052.12	自行采购	
14	12000125	材	栓木	60×60×60	块	866.205586	0.13	0.13	112.61	自行采购	

图 2-44　统一勾选暂估材料

3) 从人材机汇总选择：在人材机汇总页面，选择暂估材料表页签，点击工具栏【从人材机汇总】，在弹出的窗口中，可以进行暂估材料的选择。并且软件为了提高选择的效率，更准确的定位，在选择框中提供了多种过滤查找材料的方式（图 2-45）。

图 2-45 从人材机汇总选择暂估材料

（4）发包人供应材料和设备

2013 清单规范中，对于招标方提供的报表增加了提供【发包人供应材料和设备表】的规定，那么招标方应如何快速设置发包人供应材料和设备的内容呢？

1）逐条设置甲供材料及设备：在人材机汇总页面，选择材料页签，在【供货方式】列逐条下拉设置甲供材料，输入完成后此材料直接进入到【发包人供应材料和设备】页签中（图 2-46）；

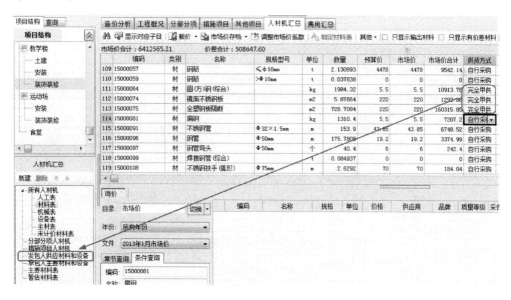

图 2-46 逐条设置供货方式

2）批量设置供货方式：在人材机汇总页面，选择材料页签，框选或按住键盘 CTRL 键＋鼠标左键点选多个材料后，点击【其他】下拉菜单下【批量修改】，在弹出的对话框中设置为【完全甲供】，确定后，这些材料的供货方式变为完全甲供，并同时在【发包人供应材料和设备】页签中输出（图 2-47）。

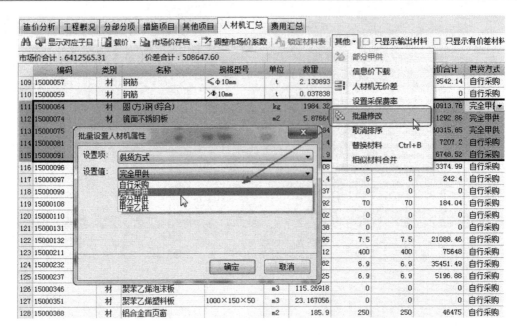

图 2-47　批量修改供货方式

（5）主要材料设置

招标人发布招标清单时，会同时发布主要材料表，在评标时会重点评审这些材料。在软件中也提供两种设置只要材料的方法：

1）自动设置主要材料：点击主要材料页签中【自动设置主要材料】功能，在弹出的对话框中选择设置原则，点击确定即可（图 2-48）；

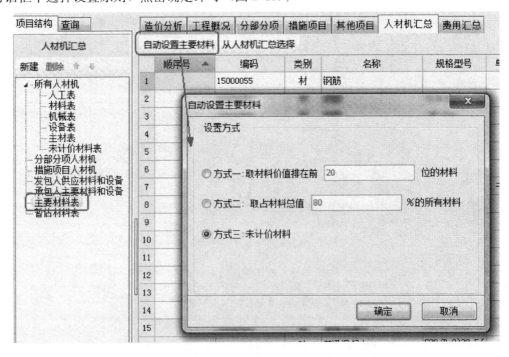

图 2-48　自动设置主要材料

2）从人材机汇总选择：方法与【从人材机汇总选择暂估材料】的方法一致。

5. 记取规费税金，输出单位工程造价

软件中内置了各地文件中规定的费用构成，可以直接使用，如有特殊需要，也可自由修改，点击导航栏中的【费用汇总】即可进入该界面（图 2-49）。

图 2-49　费用汇总

（1）删除费用项：选择所要删除的费用项，点击系统工具条的【删除】或右键【删除】；

（2）添加费用项：选中一个费用项，点击【插入】，软件会在此费用项行的上方出现一空行，然后输入费用名称、取费基数、费率等；

（3）修改费用项的计算基数或在新的费用项输入计算基数：点击下方【查询费用代码】页签，在右侧窗口中找到需要的代码，双击左键即可写入当前费用项；

（4）修改费率信息：需要对某一项的费率进行修改或增加的费用项需要设置费率时，

可以在费率行直接手动输入费率值，也可在【查询费率信息】页签中直接查询（图2-50）；

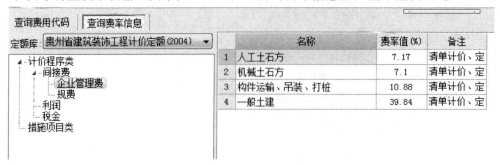

图 2-50　查询费率信息

（5）保存费用模板：前面修改了费用文件的取费基数和费率，考虑到后面有其他工程会用到，可以保存本次的修改。点击工具栏【保存为模板】进行保存即可（图 2-51）；

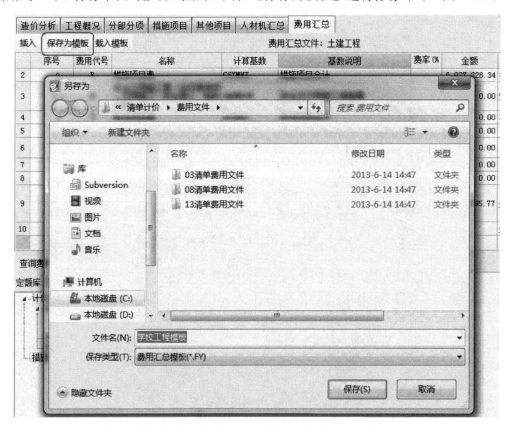

图 2-51　保存费用模板

（6）载入模板：其他工程如何利用上面保存过的模板？只需点击【载入模板】，选择要使用的模板即可。

2.1.3　项目人材机调整及一致性保障

在前面内容中，单位工程的编制方法已经完成，接下来就要进行整个项目文件的统一调整。

一个项目工程会分为多个单项工程，每个单项工程又分为多个单位工程，在进行单位工程编制的时候最容易出现的问题是：相同材料的单价不一致、项目中存在清单编码重复、单位不统一，相同清单综合单价不一致等等。而针对招标方，编制招标清单和招标控制价的质量要求很高，因为这些都将直接影响后面的投标及评标，因此对编制预算后期的检查工作将是最耗时耗力的工作。那么，项目工程的统一调整、快速检查及修改是我们迫切需要学习的。

1. 项目人材机调整

（1）相同材料不同价格的快速检查及修改

点击【项目结构】中项目节点，在【人材机汇总】中会汇总项目中所有单位工程的人工、材料、机械。如果相同材料存在不同的价格的时候，软件会自动在市场价位置用蓝色字体标示出来，并且在下方会显示出本条材料所属的单位工程及在本单位工程下的价格。修改的方法：直接将错误的材料市场价修改为准确的，并保证统一，修改完成后点击工具栏【应用修改】即可，软件会自动将单位工程的材料价格修改（图 2-52）。

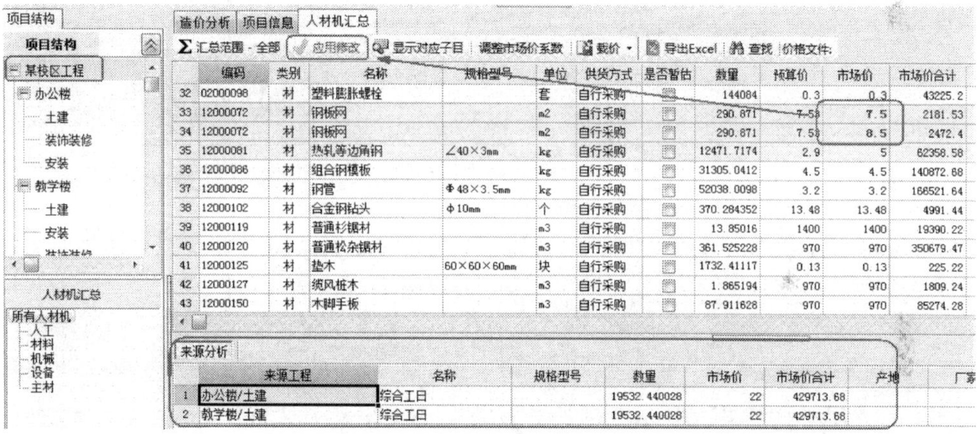

图 2-52 项目调整人材机

（2）为了提高工作效率，并保证材料不会出现错误，可以不在单位工程中进行人材机价格的调整，而是整体放在项目中进行。项目中的人材机汇总页面也提供了与单位工程一致的载价功能。

2. 符合性检查

2013 清单规范与"08 清单规范"相比较，对造价各阶段有了更明确严格的规范要求，为了满足规范要求、保障招标文件的准确性，软件提供了【符合性检查】的功能。

（1）点击工程工具栏上【符合性检查】按钮，弹出对话框（图 2-53）；

（2）设置检查选项：在此对话框中，首先选择检查方案。招标可以选择"招标书自检选项"、"招标标底符合性检查"，并在下方勾选需要检查的项目，一般规范要求必须检查的项软件已默认勾选；

（3）点击【执行检查】按钮，对项目进行自检；

（4）检查完成后，点击【查看结果】，进行查看和调整。如果项目中存在错误的项目，

图 2-53　符合性检查

选中错误项目名称，点击【定位对应记录】，软件自动定位到错误的项目，进行修改即可（图 2-54）；

图 2-54　定位对应记录

如果项目中存在重复编码的情况，点击【统一调整清单编号】功能，软件将会自动统一进行编号调整，对于补充项目需要手动修改；如果项目中存在单位不统一的情况，在点击【统一调整清单编号】时，会自动弹出对话框，其中不同单位会以红色字体标示，直接修改即可。

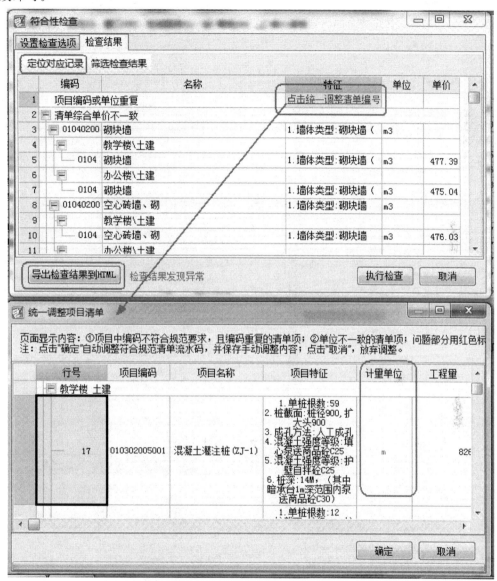

图 2-55 统一调整清单编号

2.1.4 导出电子招标书

整个招标控制价编制完成，最后一步就是生成电子招标书。操作如下：

（1）点击【招投标】菜单栏下【招标方】—【生成招标文件】，此时软件会弹出提示，提醒在生成招标书前要进行招标书自检（即符合性检查）；

（2）自检完成后即可进行导出，选择导出的位置后，点击确定即可（图 2-57）；

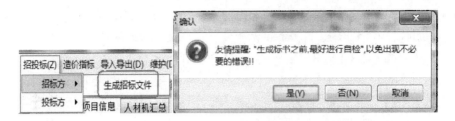

图 2-56　生成招标文件

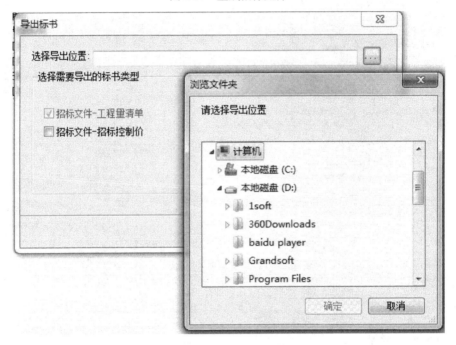

图 2-57　选择导出位置

（3）在相应位置可以找到导出的电子招标书（图 2-58）。

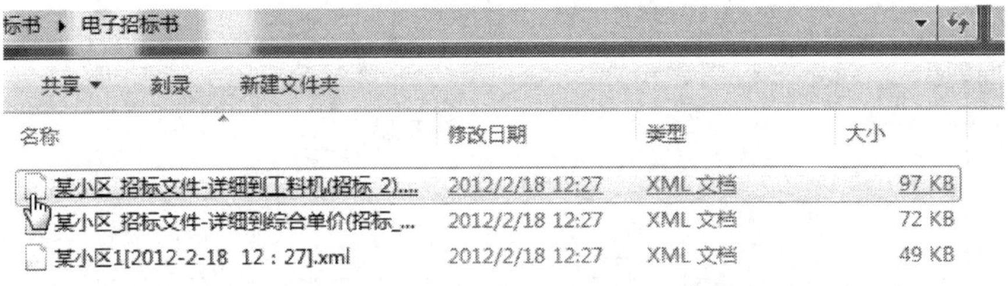

图 2-58　导出的电子招标书

2.2　编制投标报价

　　2013 清单规范中规定：投标人必须按招标工程量清单填报价格。项目编码、项目名称、项目特征、计量单位、工程量必须与招标人提供的一致。

　　上面已经讲解了如何编制招标控制价，下面就开始讲解如何编制投标报价。

2.2.1 导入招标书

目前，招标书一般分为电子招标书和纸质招标书两种，针对不同形式的招标书，软件业提供了不同的导入方法。

1. 导入电子招标书

（1）打开广联达计价软件 GBQ4.0，选择新建项目—投标，选择要使用的计价标准，选择招标方提供的电子招标书，点击确定，进入工程（图 2-59）。

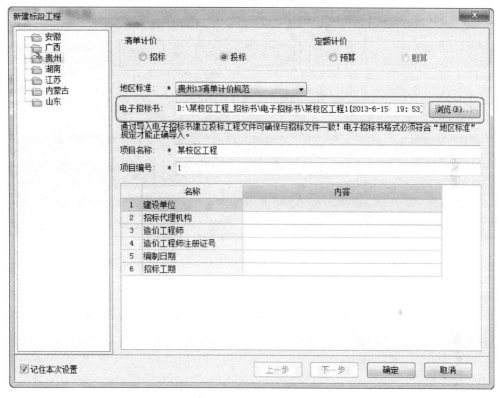

图 2-59　选择电子招标书

（2）进入到项目工程后，需要为新建单位工程选择编制投标报价要使用的定额依据后，才能看到招标清单并进行组价（图 2-60）。

2. 导入非电子招标书（导入 excel）

（1）打开广联达计价软件 GBQ4.0，选择新建项目—投标，选择要使用的计价标准，根据招标文件编制投标项目名称及工程编号；

（2）分析本工程结构，根据软件引导，新建项目三级结构（新建步骤可参考新建招标项目）；

（3）新建完成后，进入项目编制界面；

（4）进入单位工程后，点击工具栏【导入导出】下【导入 excel 文件】，选择带有清单项的 excel 表，

图 2-60　选择定额

此时软件会自动识别清单行，并识别项目编码、项目名称、项目特征、单位、工程量（图 2-61）；

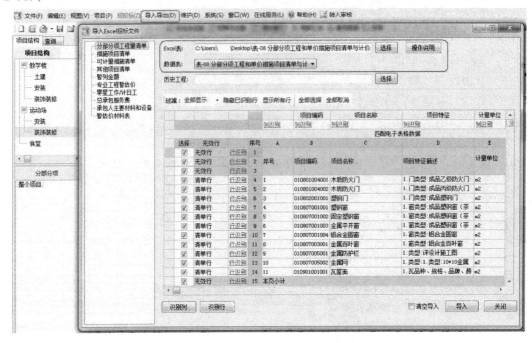

图 2-61　导入 Excel 招标文件

（5）如果出现不一致的情况，可以点击行识别进行手动识别；另外在此位置可以进行所有招标清单的导入，包括措施项目清单、其他项目清单等；

（6）识别完成后，导入即可。导入之后所有清单信息处于锁定不可修改状态，只能进行组价及调价，这也符合 2013 清单规范的要求。如果想要修改，需要【解除清单锁定】。

2.2.2　编制投标组价

投标组价的软件操作方法基本与招标控制价一致，可以直接参考上面的讲解，在这里只讲解有区别的地方。

1. 分工协作

一般进行投标组价时，由于专业性强、时间紧、工作量大的原因，投标单位会采用分工协作的方式。我们导入了招标清单之后，也可以将项目文件进行拆分，由个人编制完成单位工程后在进行合并。

（1）导出所有单位工程：在项目节点点击鼠标右键，选择【导出所有单位工程】，在弹出的对话框选择位置，确定即可（图 2-62）；

（2）导出之后，项目文件中所有单位工程拆分为多个独立的单位工程（图 2-63）；

（3）导入单位工程：当单位工程编制完成，最终需要再次合并为一个项目文件。具体操作：建立于招标文件一样名称及地区标准的投标项目后，在项目结构处点击鼠标右键，选择【导入单位工程】—【导入已有单位工程】，将分工协作的单位工程逐一导入即可；

（4）导入所有单位工程：将分工协作的单位工程按照招标文件的项目结构放在不同的

图 2-62 导出所有单位工程

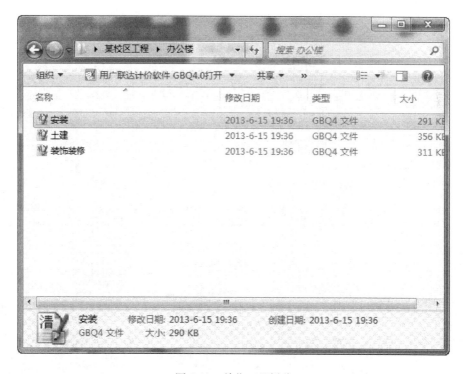

图 2-63 单位工程拆分

文件夹下，之后新建投标项目，在软件中项目结构处点击鼠标右键选择【导入所有单位工程】，选择已整理好的文件夹最外一层文件夹，点击导入即可（图 2-64）。

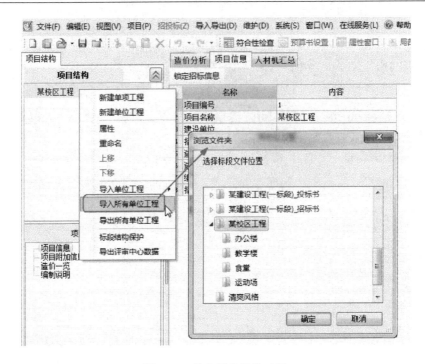

图 2-64　导入所有单位工程

2. 快速组价

（1）导入 excel 匹配历史工程

导入招标方提供的 excel 清单时，如果之前做过类似的工程，其组价可以参考是，可以在导入 excel 时，直接匹配历史工程。

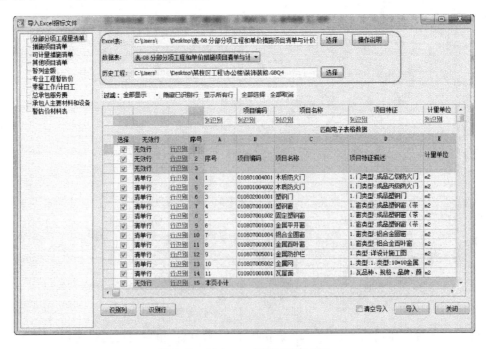

图 2-65　导入 excel 匹配历史工程

1）在【导入导出】下【导入 excel 文件】中，选择 excel 文件后，同时选择一个可以与之进行匹配的历史工程；

2）进行了行识别和列识别后，点击导入，将弹出 excel 中清单项与历史工程中清单项的匹配框。左面的窗口中，列出了从 excel 文档中识别到的清单项，右面的窗口中是历史工程中和 excel 文档清单的匹配到的清单项，可以看到部分匹配到了部分没有匹配到（图 2-66）；

图 2-66　excel 识别到的清单

3）对于没有匹配到的，可以手动匹配，点击右面窗口中编码、名称等空的行前面的"匹配"单元格，点击右面的三个点的按钮；在弹出的对话框中进行选择（图 2-67）；

4）匹配完成之后，点击"确定"按钮，完成 excel 导入。确定后，可以看到导出的结果，可以看到，那些匹配到的清单，已经完成了组价。之后再根据实际情况进行调整就好。

（2）提取其他清单组价

单位工程中，内容相同且组价一致的清单项会很多，且一个单位工程至少有 200～300 条清单项，一致的清单项一般会在不同的分部下，如楼地面在地下有，地上也有，此时可以在完成前面清单的组价后，再次利用此组价内容。

1）选择需要组价的清单项，点击工具栏【复用组价】下【提取其他清单组价】，弹出窗口（图 2-68）；

2）【相似清单列表】中会列出当前预算书中所有相似清单，选择某条需要提取的清单，点击应用，则会自动提取该清单的组价内容到当前清单；

3）根据需要可以选择不同的过滤方式：选择【按 4 位编码匹配】则列出前四位编码与当前清单相同的清单，选择【按 9 位编码匹配】则列出前 9 位编码与当前清单相同的清单；

4）另外更主要的是选择子目复用方式：把子目提取过来的时候，是覆盖当前清单下已有的清单，还是追加到已有清单的后面，如果选择追加，则清单的综合单价将会改变；

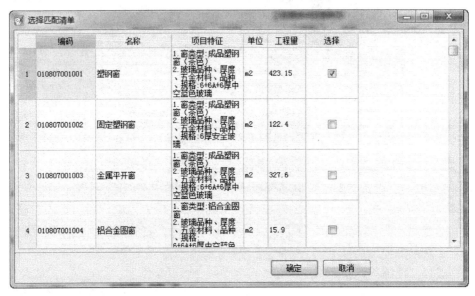

图 2-67　选择匹配清单

5）工程量复用方式软件也提供了不同选择：把子目工程量提取过来的时，可选择提取子目含量（即子目和清单工程量的比例关系）或子目工程量。

（3）复用组价到其他清单

与【提取其他清单组价】相反，【复用组价到其他清单】时把当前清单的组价内容复制到其他清单项，完成其他清单项的组价。

1）选择已经组好价的清单项，点击工具栏【复用组价】下【复制组价到其他清单】（图 2-69）；

2）过滤方式、子目复用方式、工程量复用方式与【提取其他清单组价】相同；

3）选择之后【应用】，则此清单下组价即应用到所选清单下。

（4）查询历史工程

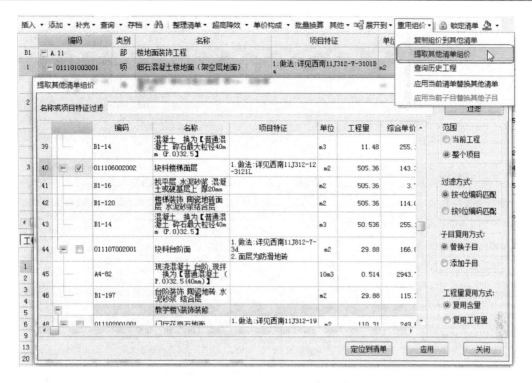

图 2-68 提取其他清单组价

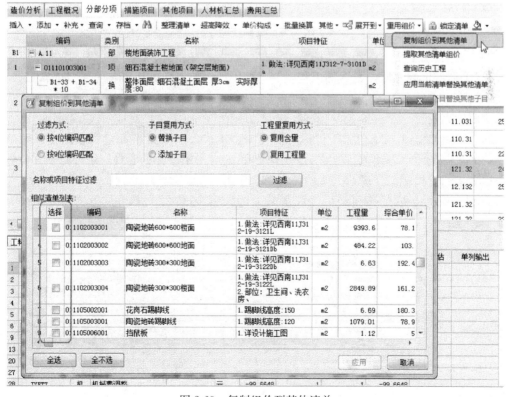

图 2-69 复制组价到其他清单

即把已经做好组价的工程中一些清单下的组价复用到当前工程的一些类似清单下，快速完成组价。

1）点击工具栏【复用组价】下【查询历史工程】，在打开的界面中选择历时工程作为参考的工程文件；

2）在弹出的对话框中，点击过滤，选择过滤方式，如选择9位编码过滤（图2-70）；

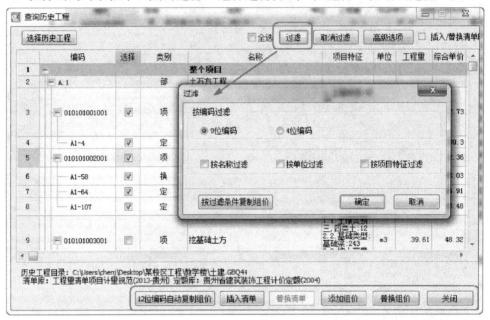

图 2-70　选择过滤方式

3）在过滤结果中，选择需要的清单组价，点击添加组价；

4）添加组价内容后，子目的工程量＝当前工程组价清单的工程量 ＊ 子目的含量。

3. 甲评材料关联

关联甲评材料（即承包人主要材料和设备表）

2013清单规范中对承包人在评标时需要提供承包人主要材料和设备表做出了明确的规定，此表即为原甲方评标主要材料表。作为目前电子招投标的时代，甲评材料在软件中是可以直接通过招标文件进行关联的，不需要手工输入。

1）点选需要关联的某材料后（以水泥为例），点击软件上方工具条的【关联评标材料】（图2-71）；

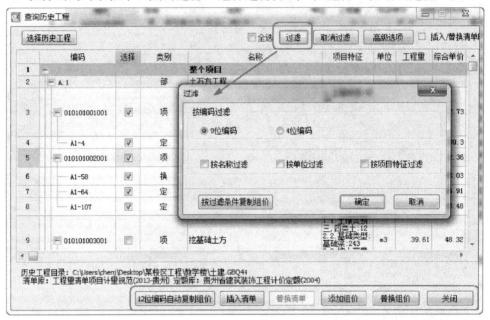

图 2-71　关联评标材料

2) 在弹出的关联评标材料窗口中，可输入材料名称进行过滤，勾选关联的目标材料，点击【建立关联】（图2-72）；

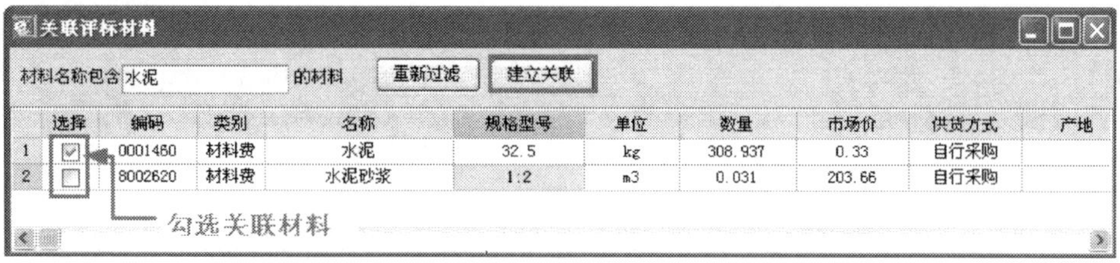

图 2-72　建立关联

3) 设置关联后，回到甲方评标材料表页面，软件就会显示出所关联的材料数量、合价（图2-73）；

图 2-73　全关联

4) 同时可以在关联类别列，点击下拉菜单，选择设置关联的类型：关联单价、关联数量、全关联；

5) 在招投标过程中，对于甲方评标主要材料，有时甲方给的材料单位与定额库中的材料单位不一致，点击【建立关联】，弹框输入单位转换系数，输入后点击【确定】，在关联材料界面可以看到关联系数一列（图2-74）；

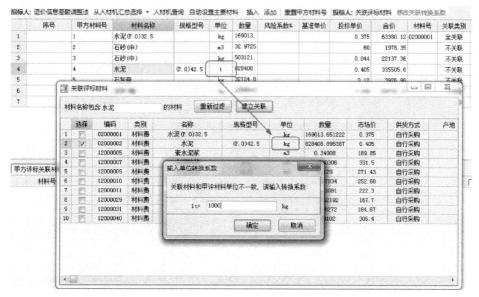

图 2-74　输入单位转换系数

6）如果单位转化系数输入错误，点击【修改关联转换系数】重新输入系数值。甲方评标材料数量可以自动按照关联系数计算，在设置关联系数后，甲方评标材料表中的材料单价自动根据系数转换材料单价（图2-75）；

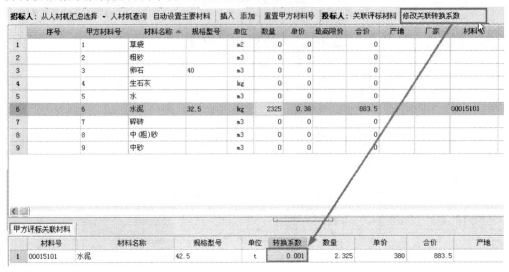

图 2-75 修改关联转换系数

7）如果关联材料是多个，单位不同，需要重新确定甲供材料的单价，会弹出对话框提示（图2-76）；

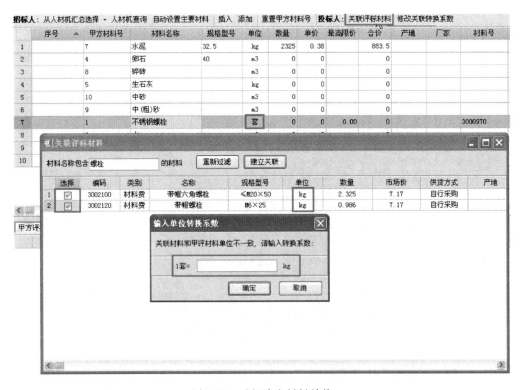

图 2-76 重新确定材料单价

8）输入后点击【确定】完成操作。

4. 暂估材料关联

投标人设置暂估材料的方法和招标人不同，招标人是自己设置暂估材料，而投标人是通过招标人提供的暂估材料表关联本工程中的材料。下面就讲解如何关联：

（1）导入招标文件中的暂估材料表后，人材机汇总界面【暂估材料表】中会出现这些材料（图 2-77）；

	序号	材料号	费用类别	材料名称	规格型号	单位	暂定价 ▼	数量
1			材料费 ▼	混凝土彩色瓦,424*335		千块	9000	0
2			材料费	塑钢门(带亮)(含玻璃)		m2	340	0
3			材料费	单层塑钢窗(含玻璃)		m2	340	0
4			材料费	金属防护栏材料费		m2	150	0
5			材料费	金属网材料费		m2	80	0
6			材料费	陶瓷地面砖 600×600		m2	55	0
7			材料费	陶瓷砖		m2	55	0
8			材料费	陶瓷地面砖 300×300		m2	43	0
9			材料费	全瓷墙面砖 300×300		m2	35	0

图 2-77 暂估材料表

（2）选中其中一条材料点击【关联暂估材料】，则弹出对话框中会罗列出本工程中存在的与此材料相似名称的材料明细（图 2-78）；

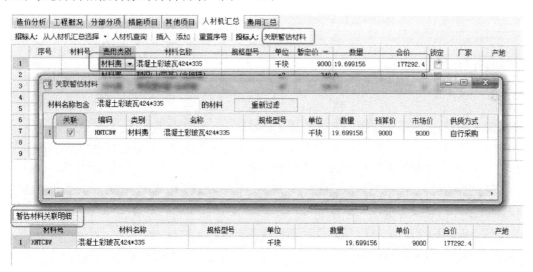

图 2-78 关联暂估材料

（3）选择要关联的材料，则原暂估材料表中的材料有了工程量和合价，而下方【暂估材料关联明细】出也显示了关联的材料信息。

2.2.3 快速调价

投标方完成清单组价后，为了提高中标率，往往需要根据投标控制价，结合投标报价策略来调整投标报价。调价的方法有很多，下面逐一讲解：

1. 单位工程调价

单价构成调整

1) 点击工具栏"单价构成"按钮，左面列出了已有的取费文件，点击它，右面就显示该取费文件（图 2-79）；

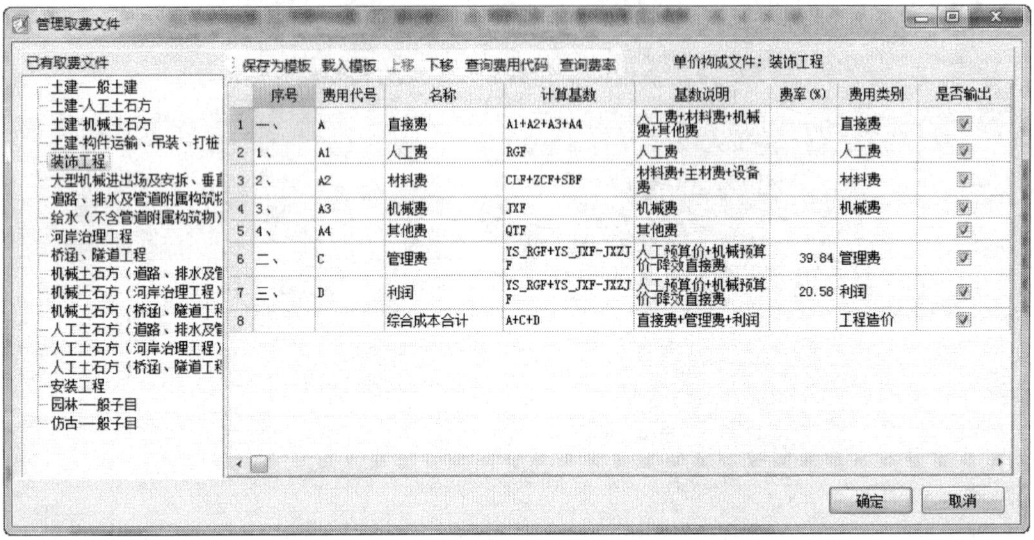

图 2-79　管理取费文件

管理费用文件中主要几列及各功能的含义是：

【费用代号】：费用行代号，供其他费用行调用本行的时候使用；

【名称】：费用项名称；

【计算基数】：当前费用的计算基数，可以是费用代码和其他费用行费用代号的表达式；

【费率】：计算费率，根据各地规范规定列出；

【费用类别】：指定当前行的费用类别，用于报表输出，例如指定某行为管理费，则报表中子目的管理费就输出该行的值；

【保存为模板】：保存当前费用文件为模板，供下次调用，操作方法：点击此按钮后，输入文件名，指定保存位置，保存即可；

【载入模板】：把后台费用模板载入并覆盖当前模板，操作方法：点击此按钮后，选择要载入的模板，载入即可；

【上移、下移】：用于调整费用行的顺序；

【查询费用代码】：查询当前预算书提供的费用代码，例如人工费、材料费、机械费等。

2) 修改默认单价构成模板：

① 修改费用代码：选择某费用行，点击【查询费用代码】按钮，下面出现费用代码窗口；左面选择费用代码类别，右面双击某费用代码，该代码就被增加到当前费用行计算基数中（图 2-80）。

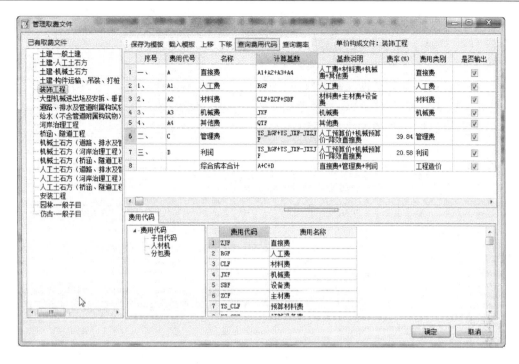

图 2-80 修改费用代码

② 修改费率：选择要修改费率的费用行，点击【查询费率】按钮，下面出现查询费率窗口；左面选择定额库、费率类别，右面找到需要的费率，双击它，当前行的费率就被替换为选择的费率（图 2-81）。

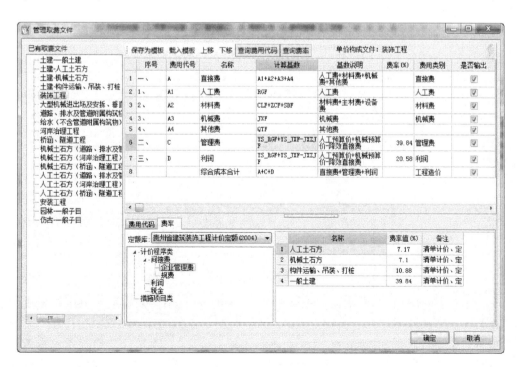

图 2-81 查询费率

③ 插入或者删除行：想在当前费用行前面插入一行时，点击鼠标右键选择插入、删除；之后按照列名称输入相关信息即可（图 2-82）。

④ 载入模板：点击【载入模板】，在弹出的对话框中选择要使用的模板，软件内置了各地规定的各专业的取费模板（图 2-83）。

⑤ 保存为模板：当修改了默认模板后，为了方便以后使用，可以点击【保存为模板】功能。

图 2-82　插入或者
删除费用行

3）按清单或分部修改单价构成：当需要针对某一条或者某几条清单项单独调整它的单价构成时，可使用本方法。

① 在分部分项页面选择清单项子目，点击下方属性窗口【查看单价构成】，其中只显示当前清单的单价构成（图 2-84）；

图 2-83　载入模板

② 在这个【查看单价构成】窗格中，直接修改费用项，可以载入模板、保存模板、插入行、删除行、上移下移调整顺序，修改完毕希望生效时，点击【保存修改】按钮选择要应用的范围即可（图 2-85）。

2. 项目工程统一调价

（1）项目统一调整人材机

1）相同材料不同价格的快速检查及修改：点击【项目结构】中项目节点，在【人材机汇总】中会汇总项目中所有单位工程的人工、材料、机械。如果相同材料存在不同的价格的时候，软件会自动在市场价位置用蓝色字体标示出来，并且在下方会显示出本条材料所属的单位工程机在本单位工程下的价格。修改的方法：直接将错误的材料市场价修改为

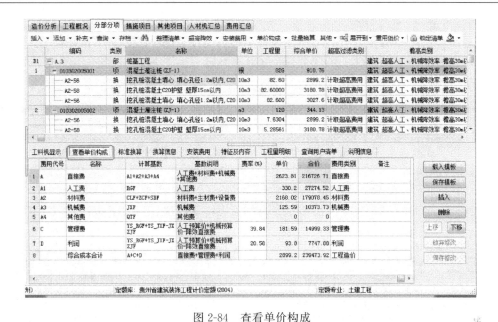

图 2-84 查看单价构成

图 2-85 保存修改单价构成

准确的，并保证统一，修改完成后点击工具栏【应用修改】即可，软件会自动将单位工程的材料价格修改（图 2-86）。

图 2-86 应用修改

2）项目载价：为了提高工作效率，并保证材料不会出现错误，可以不在单位工程中进行人材机价格的调整，而是整体放在项目中进行。项目中的人材机汇总页面也提供了与单位工程一致的载价功能。

3）导入导出 excel 市场价：投标时预算所采用的定额一般是企业定额，而人材机价格也会因自己企业的优势而低于社会平均价格。因此在工程中所需材料确定后，就会有询价部门介入去市场上进行询价。而询价部门一般返回来的结果是 excel 格式的，需要我们一个一个材料的输入，很麻烦。为了提高效率及部门间的无缝链接，软件提供了导入导出 excel 市场价的功能。

① 导出 excel：编制完成项目预算后，点击人材机汇总界面的【导出 excel】，指定到相应位置即可。此时，此功能还可用于调整完市场价文件后，导出去给别人共享使用（图 2-87）；

图 2-87　导出 excel 市场价

② 导入 excel 市场价文件：询价部门询价完成后，直接返回 excel 文件，只需点击工具栏【载价】下【载入 excel 市场价文件】，在弹出的对话框中，选择 excel 文件进行识别，之后导入即可。

4）汇总范围：根据工程调价的需要，可以对项目工程中的局部进行统一调整，此时可以通过【汇总范围】实现（图 2-89）；

注：导入标准接口数据生成的单位工程不可汇总：由于通过标准数据接口导入的投标工程需要进行电子评标，为了保证不会由于不符合清单规范而出现相同材料不同价格等情况，因此【汇总范围】调价的方式只适合纸质招投标或不走政府评标的项目。

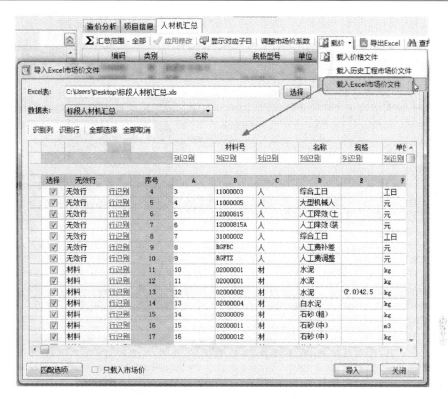

图 2-88 载入 excel 市场价文件

图 2-89 汇总范围

5）调整市场价系数：项目中，有时需要针对一批材料的市场价批量乘以对应的系数进行快速调价。在导航栏中选择人材机汇总，在数据框中按住 ctrl 或 shift 加鼠标左键选择需要调整的材料行，点击【调整市场价系数】，在设置系数的对话框中输入市场价调整系数，确定即可（图 2-90）。

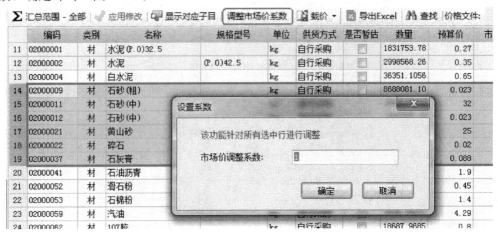

图 2-90　设置系数

（2）项目统一调整费用文件

有时我们可能会对某专业的费用汇总文件进行修改，而一个项目中会存在多个专业相同的单位工程，如何一次修改完快速应用到其他单位功能呢？

1）首先在单位工程中【费用汇总】界面修改完费用文件，点击工具栏【批量替换费用表】（图 2-91）；

2）之后在弹出的对话框中，选择要替换的单位工程。此时如果单项工程很多，可以

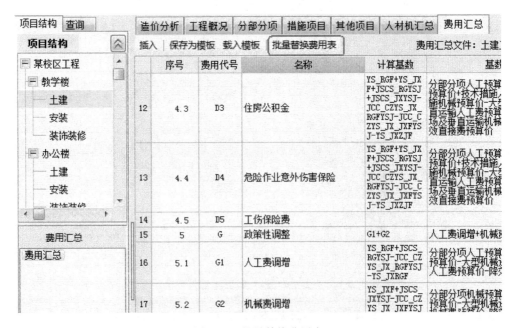

图 2-91　批量替换费用表

只选择一个单项工程下的某个单位工程，之后点击【选择同名节点】，则软件会自动将其他单项工程下此位置的单位工程勾选，点击确定即可替换（图 2-92）。

图 2-92 选择要替换单位工程

（3）量价费率调整

一般条件会分为正向调价和反向调价，现在要讲的【量价费率调整】功能就适应正向调价。

1）项目编制完成后，选择菜单栏中【项目】菜单下【统一调价】中的【量价费率调整】（图 2-93）；

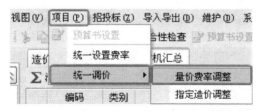

图 2-93 量价费率调整功能位置

2）在弹出的对话框中可以做相应的调价操作：此时可以调整人材机单价、人材机含量、可竞争费率及子目工程量

① 调整范围：勾选左侧框中，项目树结构的单位工程和单项工程；当选择人材机含量、子目工程量调整方式时，单位工程下还可以选择设置好的分部，在单位工程名称后点击按钮，选择分部分项中进行勾选；

② 在统一调价前，一定要先进行【备份工程】；

③ 以调整可竞争费率为例，此时在管理费和利润处输入调整的幅度后，可以点击【预览】，此时调整并未生效，只是提供了检查调整后价格的功能，如果不合适，可以再继

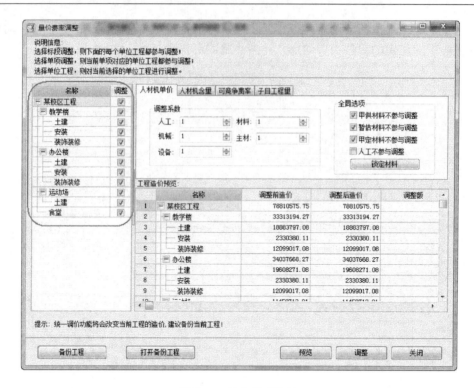

图 2-94　量介费率调整

续调整。另外所有调整过的工程在项目结构处会有叹号标识（图 2-95）；

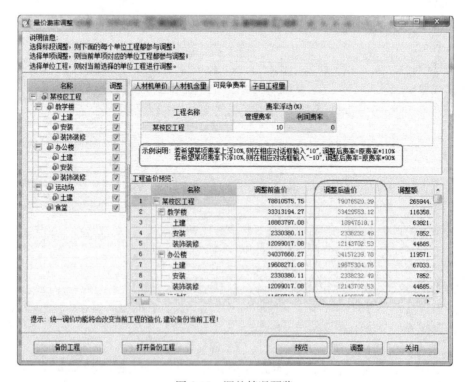

图 2-95　调整情况预览

④ 调价过程中，甲供材料、暂估材料、甲定材料及在工程中已锁定的材料时默认不参与调整的，我们还可以进行自定义设置。点击【锁定材料】按钮，在弹出的对话框中勾选锁定即可（图 2-96）；

⑤ 确定调整方案后点击【调整】完成调价工作。

图 2-96　锁定材料

图 2-97　指定造价调整功能位置

（4）指定造价调整

指定造价调整即为通常所说的反向调价。

1）项目编制完成后，选择菜单栏中【项目】菜单下【统一调价】中的【指定造价调整】（图2-97）；

2）在指定造价调整中输入目标造价，调整明细中选择需要调整的单位工程，调整方式中选择按"人材机单价"或"人材机含量"，全局选项中设置不需要参与调整的材料，或点击【锁定材料】勾选不参与调整的材料；

3）点击【预览】，在工程造价预览中查看调整前造价，调整后造价，调整额（图2-98）；

图 2-98　指定造价调整

4）调整到符合需求时，点击【备份工程】，备份当前工程后，点击调整按钮进行调整。

2.2.4　工程检查

（1）通过人材机反查子目

投标前期，对预算文件的检查尤其重要，有时经常会发现某一条人材机有问题，那么此时就需要查找这条人材机属于哪条子目,此时可以利用【显示对应子目】的功能。

1) 在人材机汇总界面,选中某一条人材机,点击工具栏【显示对应子目】,在弹出的对话框中将显示本条人材机所在位置(图 2-99);

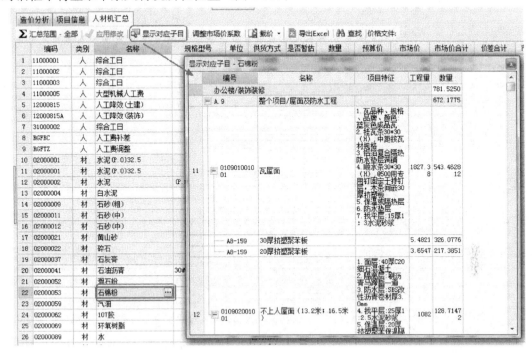

图 2-99　显示对应子目

2) 当需要回到单位工程中进行修改时,直接双击此对话框中的子目即可直接定位。

(2) 符合性检查

投标书在编制完成后,同样需要进行自检,操作方法参见招标控制价中【符合性检查】。

(3) 应用当前清单替换其他清单、应用当前子目替换其他子目

当我们在检查的过程中,发现某一条子目的换算做错了,此时我们需要回到单位工程中去修改。修改完成后,为了保证所有单位工程中本条清单下本子目均应做修改,应该如何操作?

1) 在单位工程中修改完某条子目或清单组价后,点击本条清单或子目,点击鼠标右键或工具栏【复用组价】下【应用当前清单替换其他清单】、【应用当前子目替换其他子目】(图 2-100);

2) 软件会根据过滤条件筛选出可以替换的清单或子目,勾选之后选择【替换】即可。

2.2.5　导出电子投标书

(1) 更新招标书

在现在电子招投标的大形势下,招标方在过程中由于特殊原因会变更招标文件,重新发出招标文件,而投标人之前已经编制好的投标文件就必须响应,难点在于可能整个招标文件会需要重新制作。此时,软件提供了只能【更新招标清单】的功能。

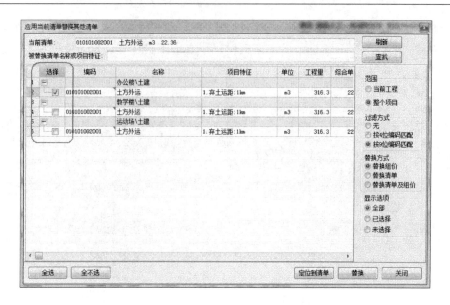

图 2-100　应用当前清单替换其他清单

1) 点击工具栏【招投标】—【投标方】—【更新招标清单】（图 2-101）；

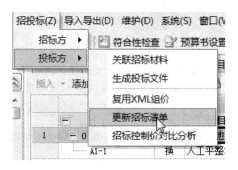

2) 选择更新后的电子招标书（图 2-102）；

3) 点击【下一步】，软件会自动标示出变化的内容，并且鼠标左键悬停信息可显示变化原因，同时还可以生成报告，方便备案查询，软件默认生成网格格式文件。点击【完成】完成更新（图 2-103）；

4) 点击确定后软件会自动生成网页以浏览变化细节（图 2-104）。

图 2-101　更新招标清单

（2）导出电子投标书

1) 点击工具栏【招投标】—【投标方】—

图 2-102　更新招标清单

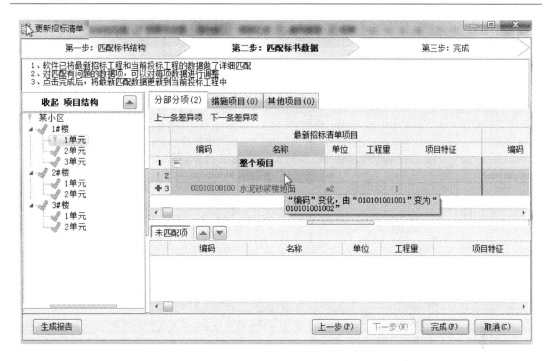

图 2-103　查看变化内容

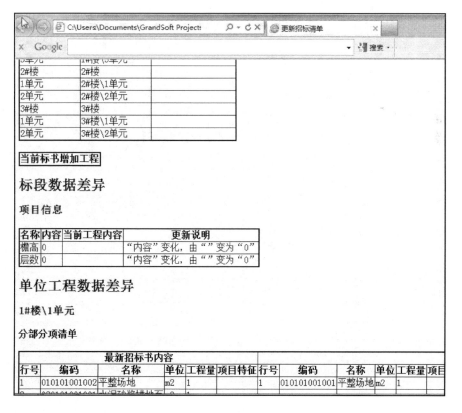

图 2-104　查看变化细节

【生成投标文件】软件会自动提示是否重新关联招标材料、投标书自检等，选择是则重新选择或检查，反之则无需检查；

2）如果对投标书进行自检时，点击是，可设置检查的范围，软件默认勾选了清单计价规范中必须检查的项，同时也可以自定义检查项（图2-105）；

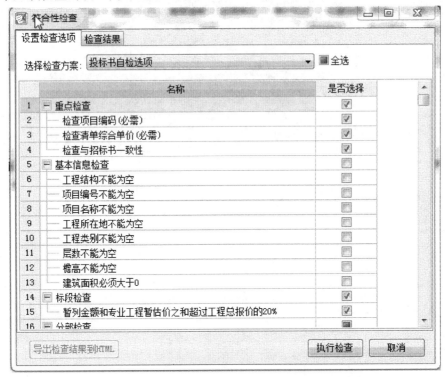

图2-105　投标书自检选项

3）检查完成后，关闭检查对话框，开始【生成投标书】（图2-106）；

4）确定后，电子投标书生成。并且到此为止，整个投标文件编制完成。

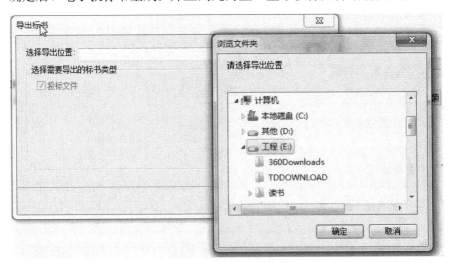

图2-106　导出标书

2.3　报　表

2.3.1　报表概述

（1）在 2013 清单规范的第十六章是报表部分，本章节针对报表部分设置了 11 个附录，其中附录 A 介绍的是物价变化合同价款调整的两种方法，附录 B—附录 L 都是报表的具体内容。

（2）附录 A 中包括：A.1 价格指数调整价格差额、A.2 造价信息调整价格差额，这两部分的内容与国家发展和改革委员会等九部委发布的 56 号令中的《通用合同条款》"16.1 物价波动引起的价格调整"中规定的两种物价波动引起的价格调整方式是一致的，也是目前国内使用频率最多的。具体使用哪种方式，由招标人结合当地实际情况自行决定。规范中不会做强制的要求。

（3）附录 B—附录 L 中明确给出了 40 张报表格式的内容，其中从报表类型的角度区分，可分为 10 部分，每一部分报表中有多种可选的表格样式。（见表 2-1）。

表 格 样 式　　　　　　　　　　表 2-1

序号	类　　型	表格数量
1	附录 B 工程计价文件封面	5
2	附录 C 工程计价文件扉页	5
3	附录 D 工程计价总说明	1
4	附录 E 工程计价汇总表	6
5	附录 F 分部分项工程和措施项目计价表	4
6	附录 G 其他项目计价表	9
7	附录 H 规费、税金项目计价表	1
8	附录 J 工程计量申请（核准）表	1
9	附录 K 合同价款支付申请（核准）表	5
10	附录 L 主要材料、工程设备一览表	3
	合计	40

如果从使用的角度进行区分，可分为五大类，分别是：工程量清单、招标控制价、投标报价、竣工结算、工程鉴定五大类。分别对应的报表内容如下：

1）工程量清单编制使用表格包括：封-1、扉-1、表-01、表-08、表-11、表-12（不含表-12-6、表-12-8）、表-13、表-20、表-21 或表-22。

2）招标控制价使用表格包括：封-2、扉-2、表-01、表-02、表-03、表-04、表-08、表-09、表-11、表-12（不含表-12-6、表-12-8）、表-13、表-20、表-21 或表-22。

3）投标报价使用的表格包括：封-3、扉-3、表-01、表-02、表-03、表-04、表-08、表-09、表-11、表-12（不含表-12-6、表-12-8）、13、16、招标文件提供的表-20、表-21 或表-22。

4）竣工结算使用的的表格包括：封-4、扉-4、表-01、表-05、表-06、表-07、表-08、表-

09、表-10、表-11、表-12、表-13、表-14、表-15、表-16、表-17、表-18、表-19、表-20、表-21 或表 22。

5）工程造价鉴定使用表格包括：封-5、扉-5、表-01、表-05～表-20、表-21 或表-22。

2.3.2   一般规定

16 章共包括 6 条一般规定，其中涉及一些表格共性的要求，所以就在这里进行统一的分析和说明，在后面的详细表格分析中就不再赘述。

【条文】16 0.1 工程计价表宜采用统一格式。各省、自治区、直辖市建设行政主管部门和行业建设主管部门可根据本地区、本行业的实际情况，在本规范附录 B 至附录 L 计价表格的基础上补充完善。

【解析】规范只能从全国范围的普遍使用上，给出推荐的表格种类和样式，无法做到面面俱到，而且由于行业、地区的一些特殊情况及使用习惯，全国各省各行业都需要在此基础上进行适当的调整和补充，因此，条文中明确指出，省级或行业建设主管部门可在本规范提供计价格式的基础上予以补充。也是避免条文规范过于僵化的一个例证。

【条文】16.0.4 招标控制价、投标报价、竣工结算的编制应符合下列规定。

（1）使用表格

1）招标控制价使用表格包括：封-2、扉-2、表-01、表-02、表-03、表-04、表-08、表-09、表-11、表-12（不含表-12- 6、表-12- 8）、表-13、表-20、表-21 或表-22。

2）投标报价使用的表格包括：封-3、扉-3、表-01、表-02、表-03、表-04、表-08、表-09、表-11、表-12（不含表-12-6、表-12-8）、13、16、招标文件提供的表-20、表-21 或表-22。

3）竣工结算使用的表格包括：封-4、扉-4、表-01、表-05、表-06、表-07、表-08、表-09、表-10、表-11、表-12、表-13、表-14、表-15、表-16、表-17、表-18、表-19、表-20、表-21 或表-22。

（2）扉页应按规定的内容填写、签字、盖章，除承包人自行编制的投标报价和竣工结算外，受委托编制的招标控制价、投标报价、竣工结算，由造价员编制的应有负责审核的造价工程师签字、盖章以及工程造价咨询人盖章。

（3）总说明应按下列内容填写：

1）工程概况：建设规模、工程特征、计划工期、合同工期、实际工期、施工现场及变化情况、施工组织设计的特点、自然地理条件、环境保护要求等。

2）编制依据等。

【解析】本条强调在封面的有关签署和盖章中应遵守和满足有关工程造价计价管理规章的规定，这是工程造价文件是否生效的必备条件。这里面很多核对人中都需要"造价工程师"的签名，意味着我国对于合格的造价工程师的需求还会持续上升。

【条文】16 0.6 投标人应按招标文件的要求，附工程量清单综合单价分析表。

【08 条文】1 5.2.4 投标人应按招标文件的要求，附工程量清单综合单价分析表。

【解析】本条规定了是否附工程量清单分析表，应按招标人招标文件的要求。其中综合单价分析表的样式本次规范中有了一些微调，针对 08 清单实行过程中大家提出的一条清单一页报表浪费纸的问题，本次 2013 清单规范中并没有详细给出解决办法，只是在辅导教材中提出如果在一页表格上显示完一条清单后还有空间，可以紧接着显示下一条清单的内容。

2.3.3　重点报表分析

本次招投标过程中常用的表格只是做了一些微调，新增的 10 张集中在竣工结算、计量支付的阶段。因此此部分内容只涉及部分重点表格进行分析。

表-04

单位工程招标控制价/投标报价汇总表

工程名称：1♯装饰工程　　　　　　　　　　　　　　　　　　　第 1 页　共 1 页

序号	汇　总　内　容	金额：（元）	其中：暂估价（元）
1	分部分项工程费合计	8101784.87	2406830.93
1.1	A.8 门窗工程	1684425.81	1259957.95
1.2	A.9 屋面及防水工程	645510.51	177292.41
1.3	A.10 保温、隔热、防腐工程	749468.5	—
1.4	A.11 楼地面装饰工程	1586849.15	795296.52
1.5	A.12 墙、柱面装饰与隔断、幕墙工程	2189095.18	174284.05
1.6	A.13 天棚工程	867066.2	—
1.7	A.15 其他装饰工程	379369.52	—
2	措施项目费	6027228.34	—
2.1	其中：安全文明施工费	154226.6	—
3	其他项目费	621210	—
3.1	其中：暂列金额	500000	—
3.2	其中：专业工程暂估价	100000	—
3.3	其中：计日工	11210	—
3.4	其中：总承包服务费	10000	—
4	规费	480795.77	—
5	税金	575418.64	—
	招标控制价合计=1+2+3+4+5	15806437.62	2406830.93

注：本表适用于单位工程招标控制价或投标报价的汇总，如无单位工程划分，单项工程也使用本表汇总。

表-08

示例为编制招标控制价时内容：

分部分项工程和单价措施项目清单与计价表

工程名称：1♯装饰工程　　　　　　　　　　　　　　　　　　　第 1 页　共 1 页

序号	项目编码	项目名称	项目特征描述	计量单位	工程量	综合单价	合价	暂估价
1	010801004001	木质防火门	门类型：成品乙级防火门	m²	142.38	442.23	62964.71	

续表

序号	项目编码	项目名称	项目特征描述	计量单位	工程量	综合单价	合价	其中暂估价
2	010801004002	木质防火门	1. 门类型：成品丙级防火门	m²	46.74	442.23	20669.83	
3	010802001001	塑钢门	1. 门类型：成品塑钢门 2. 玻璃品种、厚度、五金材料、品种、规格：6+6A+6厚中空安全白玻璃	m²	2989.89	399.77	1195268.33	975900.1
4	10807001001	塑钢窗	1. 窗类型：成品塑钢窗（茶色） 2. 玻璃品种、厚度、五金材料、品种、规格：6+6A+6厚中空蓝色玻璃	m²	423.15	392.95	166276.79	136677.45
5	010807001002	固定塑钢窗	1. 窗类型：成品塑钢窗（茶色） 2. 玻璃品种、厚度、五金材料、品种、规格：6厚安全玻璃	m²	122.4	392.95	48097.08	39535.2
6	010807001003	金属平开窗	1. 窗类型：成品塑钢窗（茶色） 2. 玻璃品种、厚度、五金材料、品种、规格：6+6A+6厚中空蓝色玻璃	m²	327.6	392.95	128730.42	105814.8
7	010807001004	铝合金圆窗	1. 窗类型：铝合金圆窗 2. 玻璃品种、厚度、五金材料、品种、规格：6+6A+6厚中空蓝色玻璃	m²	15.9	534.23	8494.26	
8	010807003001	金属百叶窗	1. 窗类型：铝合金百叶窗	m²	185.9	279.15	51893.99	
9	010807005001	金属防护栏	1. 类型：详设计施工图	m²	6.48	150	972	972
10	010807005002	金属网	1. 类型：10×10金属网，详设计施工图	m²	13.23	80	1058.4	1058.4
		分部小计					1684425.81	1259957.95

续表

序号	项目编码	项目名称	项目特征描述	计量单位	工程量	金额（元）		
						综合单价	合价	其中
								暂估价
21	011101003001	细石混凝土楼地面（架空层地面）	1. 做法：详见西南 11J312-7-3101Da	m²	2491.62	41.48	103352.4	
22	011102001001	门厅花岗石地面	1. 做法：详见西南 11J312-19-3143Db	m²	110.31	249.61	27534.48	
23	011102001002	门厅人口火烧板门厅花岗石地面	1. 做法：详见西南 11J312-19-3143Db	m²	121.32	249.61	30282.69	
24	011102003001	陶瓷地砖 600＊600 楼面	1. 做法：详见西南 11J312-19-3121L	m²	9393.6	78.18	734391.65	529611.17
25	011102003002	陶瓷地砖 600＊600 地面	1. 做法：详见西南 11J312-19-3121Db	m²	484.22	103.7	50213.61	27300.32
26	011102003003	陶瓷地砖 300＊300 地面	1. 做法：详见西南 11J312-19-3122Db	m²	6.63	192.45	1275.94	292.25
27	011102003004	陶瓷地砖 300＊300 楼面	1. 做法：详见西南 11J312-19-3122L 2. 部位：卫生间、洗衣房	m²	2849.89	161.25	459544.76	125623.15
28	011105002001	花岗石踢脚线	1. 踢脚线高度：150	m²	6.69	180.32	1206.34	
29	011105003001	陶瓷地砖踢脚线	1. 踢脚线高度：120	m²	1079.01	78.92	85155.47	60532.46
30	011105006001	挡鼠板	1. 详设计施工图	m²	1.12	50	56	
			分部小计				1493013.34	743359.35
			本页小计				3177439.15	2003317.3
			合 计				3177439.15	2003317.3

注：为记取规费等的使用，可在表中增设其中："定额人工费"。

【说明】2013 清单计价规范将招标工程量清单与工程量清单计价表两表合一，主要是为了减少投标人因为两表分开而带来的错误几率。而且本次需要注意的一个地方就是：单价措施项目与分部分项工程项目清单与计价表合并，使用同一个表格。

此处保留了原 08 规范的说明，当同一标段（或合同段）的一份工程量清单中含有多个单位（项）工程且工程量清单是以单位（项）为编制对象时，编制的工程量清单编码，不得有重码。

同时，针对清单的单位，也提出了同一标段（含合同段）工程中相同清单，清单单位必须统一。

表-09 综合单价分析表

综合单价分析表

工程名称：1#装饰工程　　　　　　　　　　　　　　　　　第 1 页　　共 1 页

| 项目编码 | 010801004001 | 项目名称 | 木质防火门 | 计量单位 | m² | 工程量 | 142.38 |

清单综合单价组成明细

定额编号	定额项目名称	定额单位	数量	单价				合价			
				人工费	材料费	机械费	管理费和利润	人工费	材料费	机械费	管理费和利润
B4-42 换	木门 木质防火门 木质防火门 安装	m²	1	26.32	400		15.91	26.32	400		15.91
人工单价		小计						26.32	400		15.91
综合工日 28 元/工日		未计价材料费						400			

清单项目综合单价

材料费明细	主要材料名称、规格、型号		单位	数量	单价（元）	合价（元）	暂估单价（元）	暂估合价（元）
	木质防火门（成品）		m²	1	400	400		
	材料费小计				—	400		
	其他材料费				—	—	—	—
	材料费小计				—	400		

注：1. 如不使用省级或行业建设主管部门发布的计价依据，可不填定额编码、名称等；

　　2. 招标文件提供了暂估单价的材料，按暂估的单价填入表内"暂估单价"栏及"暂估合价"栏。

【说明】本张报表对于评标专家分析综合单价的组成以及其价格的合理性是非常重要的，一般综合单价分析表随投标文件一同提交，以便中标后作为合同文件的附属文件。填写表格中，只把主要材料详细列出即可，辅助性材料就不需要详细列项了，归到其他材料费中以金额显示即可。

表-10 综合单价调整表

综合单价调整表

工程名称：1#装饰工程　　　　　　　　　　　　　　　　　　　　第 1 页　共 1 页

序号	项目编码	项目名称	已标价清单综合单价（元）					调整后综合单价（元）				
			综合单价	其中				综合单价	其中			
				人工费	材料费	机械费	管理费和利润		人工费	材料费	机械费	管理费和利润
1	011407001001	外墙乳胶漆	44.7	6.57	35.65		2.48	2.48	7.22	35.65		2.48

造价工程师（签章）：　　发包人代表（签章）：　　　　造价员（签章）：　　承包人代表（签章）：

日期：　　　　　　　　　　　　　　　　日期：

注：综合单价调整应附调整依据。

【说明】这是一张新增报表，当出现合同价款调整需要调整综合单价时，需要填写此表。有一点需要注意：清单的编码、名称（项目特征）必须和已标价清单保持一致，不得修改。

表-12-2 材料（工程设备）暂估单价及调整表

（1）招标工程量清单

材料（工程设备）暂估单价及调整表

工程名称：1#装饰工程　　　　　　　　　　　　　　　　　　　　第 1 页　共 1 页

序号	材料（工程设备）名称、规格、型号	计量单位	数量		单价（元）		合价（元）		差额±（元）		备注
			暂估	确认	暂估	确认	暂估	确认	单价	合价	
1	塑钢门	扇	100		500		50000				用于门窗工程
	合计						50000				

注：此表由招标人填写"暂估单价"，并在备注栏说明暂估价的材料、工程设备拟用在那些清单项目上，投标人应将上述材料、工程设备暂估单价计入工程量清单综合单价报价中。

（2）工程结算

材料（工程设备）暂估单价及调整表

工程名称：1#装饰工程　　　　　　　　　　　　　　　　　第 1 页　共 1 页

序号	材料（工程设备）名称、规格、型号	计量单位	数量		单价（元）		合价（元）		差额±（元）		备注
			暂估	确认	暂估	确认	暂估	确认	单价	合价	
1	塑钢门	扇	100	95	500	550	50000	52250	50	2250	用于门窗工程
合　计					50000	52250				2250	

注：此表由招标人填写"暂估单价"，并在备注栏说明暂估价的材料、工程设备拟用在那些清单项目上，投标人应将上述材料、工程设备暂估单价计入工程量清单综合单价报价中

【说明】暂估价的概念延续 08 清单计价规范，表示遇见肯定要发生，只是不明确或者需要专业的人来完成，暂时无法确定材料的一种计价方式。需要注意如果设备暂估也使用此报表格式。招投标阶段和结算阶段使用报表的不同就在于，招投标阶段重点填写"暂估"部分，结算阶段需要填写"确认"部分。

表-13 规费、税金项目计价表

规费、税金项目计价表

工程名称：1#装饰工程　　　　　　　　　标段：××小区　　　　　　第 1 页　共 1 页

序号	项目名称	计算基础	计算基数	计算费率（%）	金额（元）
1	规费	定额人工费	480795.77		480795.77
1.1	工程排污费	定额人工费			
1.2	社会保障费（养老保险费、失业保险费、医疗保险费）	定额人工费	1859944.98	22.21	413093.78
1.3	住房公积金	定额人工费	1859944.98	3.23	60076.22
1.4	危险作业意外伤害保险	定额人工费	1859944.98	0.41	7625.77
1.5	工伤保险费	定额人工费			
2	税金	定额人工费	18248740.9	3.48	635056.18

编制人（造价人员）：　　　　　　　　　　　　　　　复核人（造价工程师）：

【说明】规费的项目取决于各地的规定，而且有些费用并不是所有工程都需要征收的，例如：工程排污费。表中的计算基础也和各地的取费规定有关系，要根据各地的实际情况自行判断。

表-20 发包人提供材料和工程设备一览表

发包人提供材料和工程设备一览表

工程名称：1#装饰工程　　　　　　　标段：××小区　　　　　　第1页　共1页

序号	材料（工程设备）名称、规格、型号	单位	数量	单价（元）	交货方式	送达地点	备注
1	钢筋	t	300	4200		仓库1	

注：此表由招标人填写，供投标人在投标报价、确定总承包服务费时参考。

【说明】本表为新增报表，此部分的材料可以理解为甲供材料。和总承包服务费的计算会有关系。

表-21 承包人提供主要材料和工程设备一览表

承包人提供主要材料和工程设备一览表

（一、适用造价信息差额调整法）

工程名称：1#装饰工程　　　　　　　标段：××小区　　　　　　第1页　共1页

序号	名称、规格、型号	单位	数量	风险系数%	基准单价	投标单价	发承包人确认单价（元）	备注
1	商品混凝土 C25	m³	176.9	≤5	355	350	354	
2	商品混凝土 C30	m³	990.8	≤5	370	372	371	
3	商品混凝土 C35	m³	164.8	≤5	385	380	380	
4	加气混凝土块 600×240×150	块	177989.3	≤5	10	10	10	

注：1. 此表由招标人填写除"投标单价"栏的内容，投标人在投标时自主确定投标单价。

　　2. 基准单价应优先采用工程造价管理机构发布的单价，未发布的，通过市场调查确定其基准单价。

【说明】发承包双方确认价格之后，才填写【发承包人确认单价】

表-21　承包人提供主要材料和工程设备一览表

承包人提供主要材料和工程设备一览表
(二、适用于价格指数调整法)

工程名称：1#装饰工程　　　　　　　　　　　　　　　　第 1 页　共 1 页

序号	名称、规格、型号	变值权重 B	基本价格指数 F0	现行价格指数 F1	备注
1	人工	0.18	53 元/工日	55 元/工日	
2	钢材	0.11	4200 元/t	4000 元/t	
3	商品混凝土 C30	0.16	370 元/m³	380 元/m³	
	定制权重 A	0.42	—	—	
	合　计	1	—	—	

注：1. 此表"材料和工程设备名称"、"规格型号"、"基本价格指数"栏由招标人填写，基本价格指数应首先采用工程造价管理机构发布的价格指数，没有时，可采用发布的价格代替。

　　2. 此表"变值权重"栏由投标人根据该项材料和工程设备价值在投标报价中所占的比例填写。

　　3. "现行价格指数"按约定的付款证书相关周期最后一天的前 42 天的各项材料和工程设备的价格指数填写，该指数应首先采用工程造价管理机构发布的价格指数，没有时，可采用发布的价格代替。

【说明】一般情况，只有当地定额站发布了价格指数才会使用此报表进行材料调差。

2.3.4　报表调整

首先，软件中已经内置了 2013 清单规范的所有规范报表，但是目前由于工程的特点及要求的多样化，我们经常需要修改或增加一些新的报表，那么如何利用软件快速地完成新增报表设计及整个项目的快速应用呢？

1. 报表设计

（1）简单调整

针对软件已经内置的报表进行简单的修改。点击功能栏【报表】按钮，进入到报表界面。选择要修改的报表，点击工具栏【简便设计】，弹出简便设计对话框：

1）页面设计：在此界面可以进行报表外观、纸张大小、方向及边框的设计（图 2-107）。

其中：

【剩余区域用空行填充】是指报表最后一页的内容如果不能占满整页时，纸张剩余的部分是否需要继续打印表格，以空表格显示；

【数值 0 输出为空】是指当工程中某项数据为 0 时，是只显示空白单元格，还是软件按"0"显示；【空字段输出为"—"】如工程中某条清单没有人工费时，那么人工费单元格是显示为空白单元格，还是用"—"填充

2）页眉页脚：此界面主要针对报表的页脚及页脚的修改，直接输入文字即可（图 2-108）。

【只在末页显示页脚】主要用于页脚内容需要在整个报表打印完成后显示一次即可的情况。

3）标题表眉：如图所示，主要指报表的名称和表格上方的表眉部分（图 2-109）。

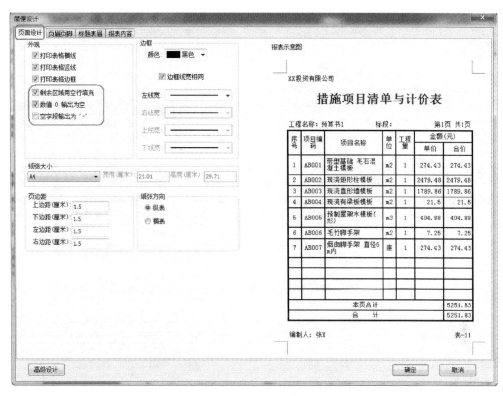

图 2-107 页面设计

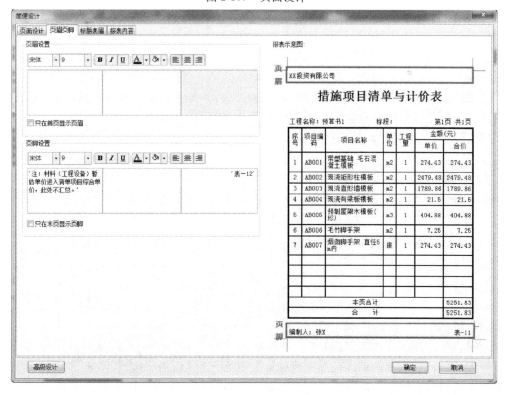

图 2-108 页眉页脚

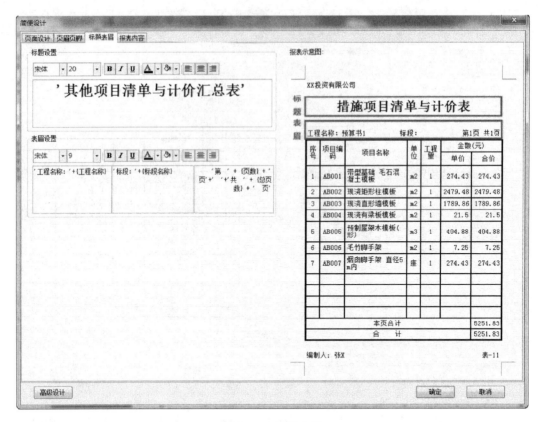

图 2-109　标题表眉

4) 报表内容: 这里主要针对报表显示的数据进行调整设计 (图 2-110)。

一般我们针对已有报表进行简便设计, 最多的是进行行列的删除或增加:

①【选择数据源】: 指整个报表数据显示的来源, 如: 选择专业工程暂估价, 则本张报表显示的所有数据均为专业工程暂估价的数值 (图 2-111)。

②【设置表头列】: 设置表格中每一列显示的数据。此时如专业工程暂估价表我们只需要显示暂估价和结算价, 不需要显示价差, 可以点击【差额 ± (元)】这一项, 点击下方【删除列】即可; 如需要增加列显示则直接点击【新建列】, 此时【设置表头列】中会增加一个新列, 之后在【列名称】处修改名称, 在【列内容】处下拉选择数据; 最后利用 "↑"、"↓"、"←"、"→" 进行列顺序的调整。

③【页统计】: 指报表的每页统计和整个报表的表合计显示的位置及名称。

(2) 快速新增报表:

①在报表界面点击功能栏或点击鼠标右键【新建】(图 2-112);

②弹出对话框【新建报表向导】(图 2-113), 选择第三种方式选择数据源, 点击后面三个点按钮;

③弹出对话框【选择数据源】(图 2-114)。

选择数据源一般我们可以按照三步操作: 首先选择报表数据的整体来源, 即: 如输出分部分项页面的清单; 之后选择数据来源的哪些数据需要输出, 如: 输出分部分项界面的清单下的主要清单, 最后选择显示哪些列数据;

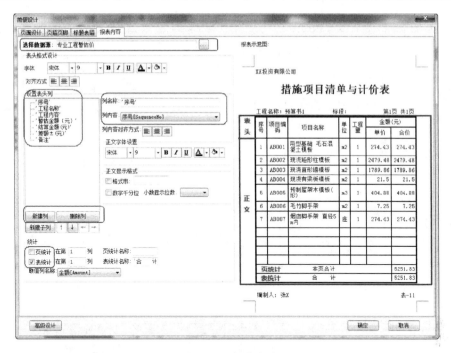

图 2-110 报表内容

图 2-111 选择数据源

93

图 2-112　新建

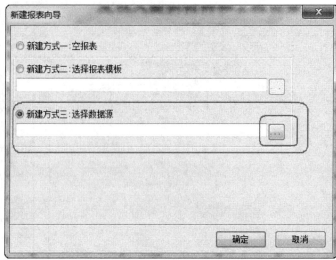

图 2-113　新建报表向导

图 2-114　选择数据源名称

④选择完成后点击确定，进入到简便设计界面，之后按照【简便设计】的方法操作即可。

2. 批量调整

（1）批量应用当前报表设计

上面我们讲了，我们可以通过【简便设计】进行报表格式及内容的修改。那么一般一个工程中的报表格式均是要求统一的，我们在【简便设计】中修改了一个报表后，其他报表也要修改怎么办？

利用【应用当前报表设计】功能。点击报表界面工具栏【应用当前报表设计】，在弹出的对话框中选择要统一应用的内容，点击【确定】，之后本工程内所有报表均作了相同的格式修改。

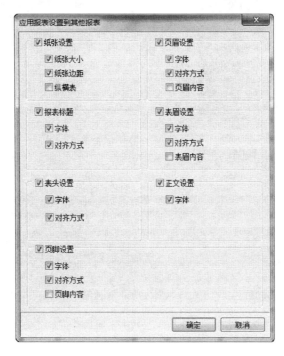

图 2-115 应用报表设置到其他报表

（2）项目统一调整报表

在项目工程中，也经常会遇到某一张报表需要修改的情况，并且是项目中所有单位工程本章报表均应修改，此时软件在项目工程中也提供了这样的快捷功能。

1）替换所有同名报表：在项目文件报表界面，选择已经修改的报表点击鼠标右键选择【替换所有同名报表】（图 2-116），软件会自动查找同名报表进行替换，替换完成后会给出提示。

2）统一替换：

①在单位或单项工程节点，将所有要修改的报表修改完成后，点击菜单栏【统一替换】（图 2-117），选择【当前单位/单项工程报表方案应用到……】；

②在弹出的对话框中，勾选应用的范围，确定即可（图 2-118）。

2.3.5 报表输出

完成预算书编制后，我们需要做的最后一步就是：输出结果文件。

1. 导出 excel

软件中的报表可以导出到 excel 中进行加工、保存，导出方式包括单张报表导出和批量导出。

1）单张报表导出：

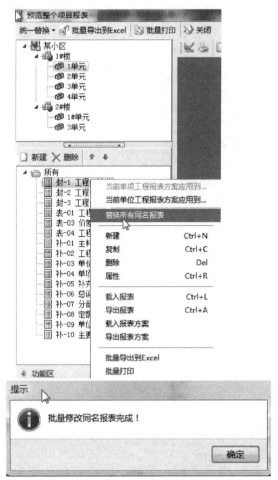

图 2-116　替换所有同名报表

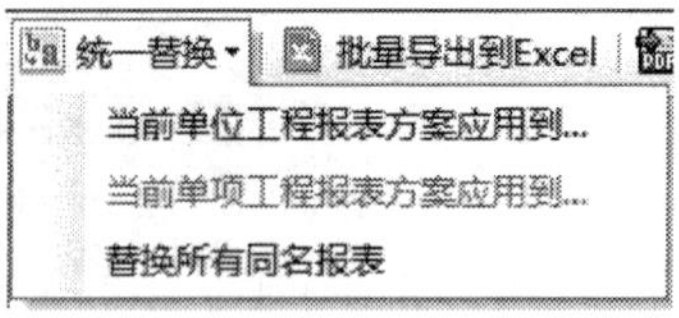

图 2-117　统一替换

图 2-118　设置报表应用范围

导出到 excel：按报表默认名称和软件默认保存路径导出；

导出到 excel 文件：可输入报表名称和选择保存路径；

导出到已有的 excel 表：选择已有的 excel 表将报表内容添加进去。

2）批量导出：

点击工具栏【批量导出到 excel】（图 2-119），可选择多张报表一起导出；导出时可以利用【选择同名报表】选择整个项目中不同单位工程下的同名称的报表，之后点击【导出选中表】即可。

2. 批量打印

当不需要在 excel 中进行报表的其他调整时，可以选择直接打印报表。点击工具栏【批量打印】（图 2-120）在弹出的对话框选择要打印的报表，同时利用【选择同名报表】选择整个项目中不同单位工程下的同名称的报表，选择后点击【打印选中表】即可。

图 2-119　批量导出到 excel

图 2-120　批量打印

第3章　常见问题和软件使用技巧

3.1　常见问题解答

（1）在计价软件中自己补充了子目并进行了子目存档，但是在维护菜单栏下的子目维护中选中相应的保存位置却看不到自己补充的子目，为什么？

答：子目维护中没有切换到补充定额项，默认是标准定额项。标准定额项中显示的只是定额本中规定的定额项，不含自己补充。在左下方切换到显示【补充定额】或【全部】即可。

（2）GBQ4.0想将所需要的子目背景色进行修改怎么操作？

答：1）要将所有子目的背景色都改变：在【系统】菜单下【配色方案】中进行设置。将【项目行】下拉选择到【子目】，之后调整【前景色】（即字体颜色）或【背景色】（即单元格背景色）即可。见图3-1。

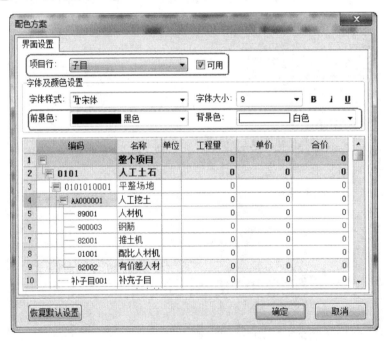

图 3-1　配色方案

2）只想改变某一部分子目的背景色：在分部分项界面选中要改变颜色的子目，之后点击工具栏 即可。

（3）当做外地工程但对当地的定额不熟悉时，总是希望可以通过子目名称快速查找道子目，并快速输入，如何解决？

答：在【预算书设置】—【系统选项】中将【输入名称时可查询当前定额库中的子目】打"√"，再输入定额子目时，只需要输入名称关键字，软件自动回弹出含有关键字的定额子目供选择，直接下拉选择即可。

（4）在自己电脑上补充的子目想要共享给别人使用，如何处理？

答：选中补充的子目，点击鼠标右键，选择【存档】。在【系统】菜单下选择【备份定额库】。选择备份的路径，比如桌面，然后在桌面上就可以看到已经备份的定额库文件，将此文件拷贝到别的电脑。打开软件，点击【系统】菜单下【恢复定额库】，选择该文件恢复即可。此时可进行多个地区的定额库同时恢复。

（5）想要清单的项目特征和工程内容都显示在名称列，但是项目特征和工程内容都已编辑，输出也勾选，点击【应用规则到全部清单项】，名称列只有特征没有工程内容？

答：选择一个清单项，点下面的特征及内容，在名称附加内容选择【项目特征＋工程内容】，重新点击【应用规则到全部清单项】即可（图3-2）。

（6）清单计价工程，新建的是建筑的，借用安装和装饰的子目，所有的清单和子目的单价构成文件都想按建筑的取费？

答：点工具栏中的【单价构成】后面的倒三角，点【按专业匹配单价构成】，对应的安装和装饰的单价构成文件都选成建筑工程的，点【按专业自动匹配取费文件】即可（图3-3）。

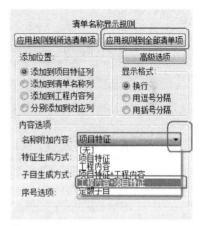

图 3-2　清单名称显示规则

（7）清单项有综合单价，且工程量也不为0，但是综合合价为0，为什么？如何处理？

答：清单项没有套定额子目，而是强制修改综合单价了，所以有综合单价，而且在预算书设置中选择了子目单价取费，"清单综合合价＝子目综合合计之和"（图3-4）。

（8）如何想要将多个单位工程汇总为一个单位工程？

答：打开一个单位工程，点菜单栏【导入导出】下【导入单位工程】，选择要合并的单位工程，在弹出的对话框中选择追加导入（图3-5）。

（9）在GBQ4.0中，为什么菜单栏中的导入导出的内容为灰显的，并且套取清单和定额的部分也是灰显的？

答：当清单被锁定的时候，软件默认是不能进行导入外部工程或者导入excel的。需要将清单解锁即可导入导出了（图3-6）。

（10）【修改市场价同步到整个工程】是做什么用的？使用的时候要注意什么？

答：在套取定额的时候在下方属性栏里面会有人材机的市场价一列显示，可以直接在这里录入市场价，这个时候如果希望这个预算件里面该项人工或者材料或者机械都用该市场价记取，则可使用该功能。要注意的是，要先勾选之后再修改市场价。否则的话会使先被修改的材料号发生变化，变成了一项新的材料号，也就不起作用了（图3-7）。

（11）修改材料编号什么时候会出现@1的情况？

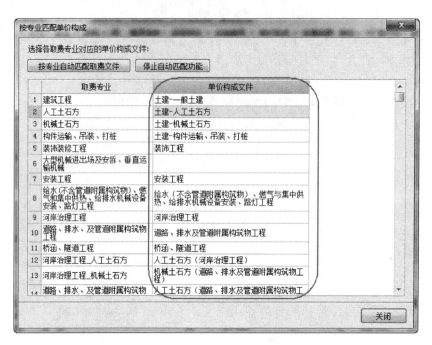

图 3-3　按专业匹配单价构成

图 3-4　设置综合单价计算方式

答：在分部分项或预算书的【工料机显示】界面直接修改了材料的类别、名称、规格、单位或者市场价的话，材料的标号就会在原来的材料编号的后面加上@1，此时修改的内容只针对于当前的定额，并且材料变为一条仿制材料；如果是在后面的人材机汇总中

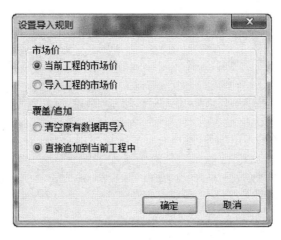

图 3-5 设置导入规则

	编码	类别	名称	项目特征	单位	工程量表达式	工程量	锁定含量	综合单
55	030412005001	项	荧光灯	1. 名称: 双管荧光灯 2. 型号、规格: PAK-A02-228-AD 3. 安装形式: 吸顶	套	95	95	☐	
	C2-1610	定	荧光灯具安装 组装型 吸顶式 双管		10套	95	9.5		10

图 3-6 解除清单锁定

	编码	类别	名称	规格及型号	单位	数量	定额价	市场价	合价
1	31000002	人	综合工日		工日	0.3992	28	28	11.1776
2	32000950	材	塑料绝缘线	BLV-2.5mm2	m	1.426	0.28	0.28	0.39928
3	32001211	材	伞型螺栓	M6~8×150	套	4.08	0.6	0.6	2.448
4	32002449	材	其他材料费		元	0.2734	1	1	0.2734
5	40000796	主	成套灯具		套	2.02	85	85	171.7

图 3-7 修改市场价同步到整个工程

修改的话，则针对整个工程，材料编号不会变化。注意：在分部分项界面中修改市场价时，如果勾选了【修改市场价同步到整个工程】，材料编号也不会变化，是针对于整个工程做的修改。

(12) GBQ4.0 的快捷键有哪些？

答：

F1 帮助文件；

F3 查询（清单、定额、人材机等）；

F4 计算器；

F5 工料机显示；

F6 查看单价构成；

F7 清单项目特征及工程内容；

F8 标准换算；

F9 整理工程内容；

F12 配色方案。

（13）如何保存补充存档的子目再重新安装后还可以存在？

答：当客户需要重新安装定额时先备份定额库下次再回复定额库就可以，具体如下：点击工具-备份定额库-选择要备份的定额库以及路径-点击备份，重新安装之后再点击恢复即可（图 3-8）。

图 3-8　备份定额库

（14）土建工程中借用了安装专业的定额，且需要记取安装费用，软件是如何实现的？

答：土建工程中借用了安装专业的定额，且需要记取安装费用，在工具栏【安装费用】界面，选择【高级选项】，其中可以设置借用子目的安装费用记取方式。

（15）预算书属性设置中取费方式"清单单价取费"和"子目单价取费"有什么区别？是如何计算的？为什么两个取费方式的计算的结果有误差？

答：【清单单价取费】—由子目单价得出清单单价，清单单价再通过取费（包括管理费、利润等）得出清单综合单价，后由清单综合单价×工程量得出清单综合合价；

【子目单价取费】—由子目单价通过取费得出子目综合单价（包括管理费、利润等），子目综合单价相加得清单综合单价。将子目综合单价乘以子目工程量得出子目的综合合价，子目综合合价相加得出清单综合合价；

两个方式都是先有综合单价再有综合合价的。两种方式的计算过程不一致，会导致结果的不一致，请根据实际情况进行选择。如：要保证清单综合单价 * 工程量等于清单综合合价，就一定要选择清单单价取费，如果是子目的单价构成与所属清单的单价构成不一致，则选择子目单价取费。

（16）结算时，需要把不同的洽商、变更单按照分部的形式输入在一个预算中，但输出报表时可能会根据不同结算期分别打印，软件是如何处理的？

答：执行【局部汇总】功能，在其中选择本期要打印的清单项及定额，之后点击【生成】，即生成一个新的工程，打开此工程进行报表输出即可（图 3-9）。

图 3-9　局部汇总

（17）由于一个工程中涉及的清单、子目较多，经常会出现个别清单、子目、人材机的工程量、价格忘记输入，有没有能够快速筛选出这些清单的功能？

答：在功能栏，软件提供了一个【符合性检查】的功能，自动检查工程中是否存在价格或数量为 0 的清单、子目、人材机，或没有组价的清单、综合单价超出最高限价等，并把结果提供给用户；用户可以根据结果自动定位到出错的地方。

（18）GBQ4.0 软件，输入子目时，标准换算窗口不自动弹出了，如何设置才可以再次弹出此框？

答：在菜单栏选择"预算书设置"，在弹出的界面选择【系统选项】。在【系统选项】弹出的界面中，左边选择【输入选项】，倒数第 5 行，【直接输入子目时弹出标准换算窗口】对勾勾上即可；这个选项只对采用直接输入子目生效，若是通过查询方式输入的子目，那么，必须勾选另一个选项：【查询输入有标准换算的子目时弹出标准换算窗口】，此选项在同一页面，从上往下数第 4 行。

（19）在 GBQ4.0 软件，未计价材料（包括主材、设备）可以记取价差吗？

答：在 GBQ4.0 软件中，未计价材料（包括主材、设备）是可以记取价差的。在菜单栏选择【预算书设置】，在弹出的界面中，左边选择【计算选项】，从上往下数，勾选第 4 个选项：主材、设备、未计价材料记取价差。

说明：勾选此选项，未计价材料（包括主材、设备）的预算价会记录为第一次输入的价格，以后，再次输入的价格就是市场价。

（20）GBQ4.0 软件，修改了柴油价格，为什么机械台班的价格没有发生变化呢？

原因：机械台班虽然可以二次分析，修改柴油价格，但是若设置了【机械台班可直接修改市场价】功能，那么，即使修改了柴油价格，也不会改变机械台班的价格的。

解决方法：在菜单栏点击【预算书设置】，在弹出的界面中，左边选择【计算选项】，倒数第一行，【机械台班可直接修改市场价】对勾去掉即可。

说明：此选项勾选后，机械台班的单价是可以直接修改的，与机械台班是否二次分析没有任何关系，也就是说，机械台班二次分析对台班的单价没有任何影响，因此，当台班二次分析后，调整台班下柴油的价格，或者是机上人工的价格，机械台班的单价都不会发生变化。

（21）GBQ4.0 软件，输入工程量表达式时，需要注意哪些事项？

答：在软件中输入工程量表达式时，需要注意以下几点：

1）运算符号乘号必须输入"＊"，除号必须输入"/"，输入其他字符，在软件中是不识别的；

2）表达式很长时，需要多层括号，那么无论括号有多少层，必须且只能用英文状态的小括号（）来表示。如 $\{[(2+3)\times(5+4)+5]\div(25-12)-8\}\times 2$ 在软件中正确的写法应该是：$(((2+3)*(5+4)+5)/(25-12)-8)*2$；

3）若需要在工程量表达式中写出长宽高的表示，可参照下边的输入方法：

$\{高\}(3.6+2)*\{宽\}(0.06*2+0.2)+\{线长\}5.8$ 在每一运算符前加入英文状态的大括号，然后在大括号中加入要输入的汉字即可。

（22）在 GBQ4.0 软件，清单计价模式，组价输入子目后，工程量表达式总会显示一个"QDL"，这个"QDL"表示什么含义？

答：在 GBQ4.0 软件中，QDL，表示清单项实际的工程量，即某一项的实际工程量，与定额中的单位规定是没有关系的，举例，某踢脚线清单项的单位为 $10m^2$，实际踢脚线的实际工程量是 510，那么 QDL 就表示 510，因为所套用清单项的单位为 $10m^2$，所以在清单项的工程量一列中，会显示为 51。

（23）编制招标文件时，清单项编码有重复现象，或者不连续的情况，需要重新调整清单项的编码，在 GBQ4.0 软件，有否快捷的方法处理？

答：有两种方法可以重新调整清单项的编码。

1）如果需要调整编码的清单项不多，可选中要修改编码的清单项，右键选择【强制调整编码】，输入正确的清单编码即可。

2）如果编码重复现象较多，不连续的情况也很多，可采用另一种方法实现，点击左边导航栏【分部整理】，执行右边的【清单项排序】功能，在执行此功能的同时，【清单项重新编码】选择打对勾，操作完成后，清单项的编码会自动从001开始排序。

（24）GBQ4.0软件，子目下的其他人工费单价是1，这条其他人工费的单价可以调整吗？

原因：子目下的其他人工费，单位是元，在定额本中，这一项没有单价，只有一个消耗量，在软件中，如果一条材料只有量，没有价，是不会计算的，因此，软件给定其他人工费单价为1，这时，单价为"1"只表示其他人工费是一项费用，它并不表示其他人工费的单价是1，因此，调整它的单价是不合理的。类似这种情况的很多，比如其他材料费、其他机械费等。

解决方法：如果需要调整这笔费用，直接修改其他人工费的含量即可。

（25）GBQ4.0软件，清单项如果标识为暂估清单项？

答：在分部分项页面，有一列【是否暂估】，这一列有的地区默认显示在当前页面，有的地区未显示，可以右键选择【页面显示列设置】，找到【是否暂估】，打勾确定后，就可以显示在当前页面。若在招标清单项中有某些项是暂估清单项，那么就可以选中清单项，在这一列中【是否暂估】打勾。

（26）在安装专业中想给采暖工程记取系统调试费，然后给整个项目记取脚手架搭拆费，如何设置？

答：先进行整个项目安装费用设置，记取脚手架搭拆费（图3-10）；

图3-10　设置安装费用

之后将采暖工程的清单及子目全部选择，点击【安装费用】下【批量设置子目安装费用】，在弹出的对话框中【安装费用项】选择"系统调试费"，"计算规则选择"采暖工程的计算规则"即可"（图 3-11）。

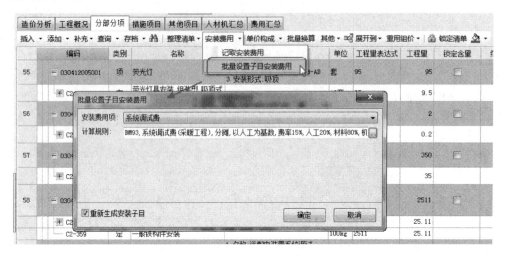

图 3-11　批量设置子目安装费用

（27）在人材机汇总界面发现出两条完全一样的人工费，只有其中一条名称后加@1，其他的名称、价格等都是一样的，这两条人工是如何产生的，能否合并成一条？

答：导致这种情况出现的原因，一般是在分部分项界面—属性窗口—工料机显示页签中，单独调整过某条定额的人工参数（如市场价），且右侧【修改市场价同步到整个工程】没有打勾。这样软件会默认我们只调整当前人工的市场价，其他定额中相同编码和名称的人工价格不变。合并方法：人材机汇总界面点击【其他】-【相似材料合并】，软件会自动过滤出工程中存在的相似的材料，选择要合并的材料以及合并后的材料，确定即可。

（28）人材机汇总界面的所有人材机中，有的材料有价差和价差合计，但是有的材料只有价差没有价差合计，为什么？

答：在【预算书设置】里的配合比选项下面有【商品混凝土砂浆二次分析】、【现浇混凝土砂浆二次分析】、【机械台班组成分析】和【现浇混凝土砂浆可直接修改市场价】、【机械台班可直接修改市场价】五个选项。由于进行过二次分析的材料和机械，是通过调整明细材料的价格进行调价的，因此前三个选项与两个选项是不可以同时勾选的，否则就会出现这样的情况。

（29）为什么在工料机显示里可以看到材料，但是在人材机汇总界面的所有人材机里却没有？

答：在工料机显示里，材料所对应的定额子目没有工程量，没有数量的材料在人材机汇总界面是不会显示的。

（30）要在人材机汇总界面将某一条材料统一替换成其他的材料，如何操作？

答：选中要替换的那条材料，右键替换材料，输入要替换的材料的编码就可以。

（31）人材机汇总界面，调过市场价的材料都有价差，但是有一部分材料有价差合计，一部分没有，为什么呢？

图 3-12 替换材料

解决方法：因为没有价差合计的材料是可二次分析的材料，它的配比材料记取了价差合计，如果主材料再记取价差合计就重复记取了。所以这些材料没有价差合计是正确的。

（32）两个工程复制粘贴，相同的人工，但编码出现好多@，如何处理？

解决办法：利用相似材料合并即可（图 3-13）。

（33）一个项目文件中，有好几个单位工程。如果装修的地面材质由大理石变更成了水磨石，如何快速把整个项目的大理石定额换成水磨石定额？

答：在分部分项页面，将某个大理石定修改为水磨石定额后，在该定额上点击右键，弹出菜单中选择【应用当前子目替换其他子目】功能，在弹出的对话框中，勾选范围为整个项目，输入被替换的子目编码进行查找，软件会自动根据条件进行过滤。之后勾选所有要替换的大理石子目，并点击右上角的【替换】按钮，即可将整个项目的大理石定额换成水磨石定额。此时还可以通过

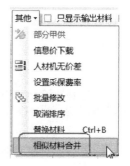

图 3-13 相似材料合并

【定位到子目】功能直接切换到子目所在位置进行查看。

（34）一个项目中有多个单位工程，修改一个单位工程的综合单价后，想要项目中其他单位工程中相同的清单项也发生变化，如何处理？

答：选中修改好的清单项点击鼠标右键，选择【应用当前清单替换其他清单】，选择调整范围为【整个项目】，软件会根据编码自动过滤出可替换的清单。或者可以在【被替换清单的名称和项目特征】中输入关键字【查找】，软件进一步根据关键字筛选出清单项，勾选要替换的清单后【替换】即可。此时还可以根据实际情况选择【替换方式】。如图 3-14 所示。

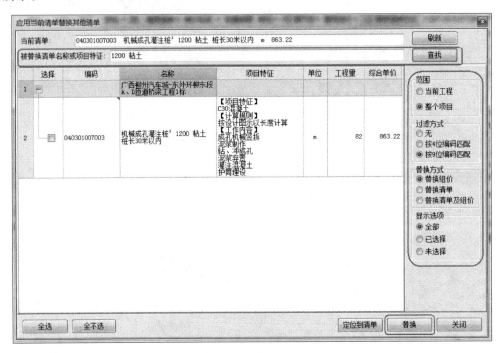

图 3-14　应用当前清单替换其他清单

（35）【单位工程费用表】最后的一行合计行导入到 excel 后，在 excel 表中看不到合计行，或者有些表格的页眉页脚在 excel 中看不到，如何处理？

答：鼠标定位到【单位工程费用表】，点击报表上方工具栏中【导出选项】，在弹出的对话框中"导出数据模式"选择为"预览模式"，"页眉页脚位置"选择为"导出到 excel 单元格中"即可。

（36）【批量导出到 excel】时提示"找不到指定路径"，如何处理？

答：这是由于工程名称中含有特殊符号导致的，修改工程名称即可。

（37）如何实现报表中的表头在报表的每一页都显示？

答：在报表设计界面，"工具"下"页面设置"进行页眉页脚的选择即可。可选择：不使用、所有页相同、奇偶页相同、首页与其他页相同，仅首页使用。

（38）在软件中如何批量设置多条清单项为主要清单？

解答：在分部分项页面，右键选择【页面显示列设置】，先把【主要清单】列打勾，让其显示在当前页面中，然后，拉选，或者采用 Shift＋左键，或 Ctrl＋左键，选中多条清单项，然后，选择编辑区工具条：【其他】下拉选择【设置为主要清单】即可，如果要取消：选择【取消设置为主要清单】即可，也可以在界面上【只显示主要清单】图 3-15。

（39）GBQ4.0 软件，切换到报表页面，查看主要材料表，发现表中没有任何材料，为什么？

原因：大部分人认为，预算文件编制完成，主要材料会自动生成，实际上不是这样的，因为软件不清楚，当前此份预算文件中哪些材料才是用户要的主要材料，那些是真正符合的，所以，对于主要材料的设置，软件只提供功能和方法，不会显示直接的数据。

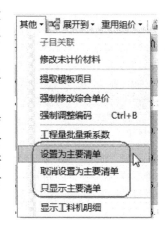

图 3-15　设置为主要清单

操作方法：

1) 切换到【人材机汇总】页面，点击【主要材料表】，在右边界面的左上角，选择【自动设置主要材料】，在弹出的界面中，可以按两种方式设置：取材料价值排在前几位的材料，前几位是可以随意设置的，另一种是取材料总值占一定百分比的材料，百分比也可以随意设置（图 3-16）。

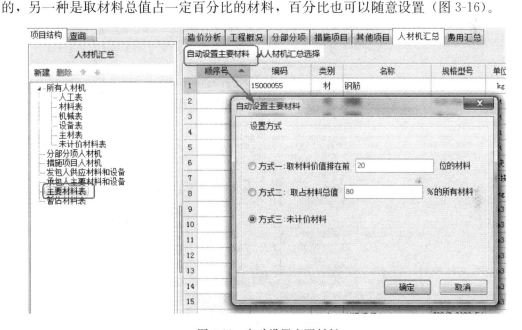

图 3-16　自动设置主要材料

2) 选择界面上的【从人材机汇总选择】，在弹出的界面中，勾选主要材料，然后点击【确定】按钮即可。这样，在报表页面，查看主要材料表时，就可以看到刚设置的所有主要材料（图 3-17）。

（40）GBQ4.0 软件，只想调调整一部分主材价格，采用什么方法可以快速调这些主材价？

答：切换到【人材机汇总】页面【主材表】，采用 Shift＋左键，或 Ctrl＋左键多选要调整的所有主材，然后点击鼠标右键，选择编辑区工具条【调整市场价系数】，在弹出的提未框中，可以选择"否"，会再次弹出图框，在框内输入要调整的系数值，点击"确定"

图 3-17　从人材机汇总选择主要材料

按钮即可完成主材价格的调整（图 3-18）。

图 3-18　调整市场价系数

（41）GBQ4.0 软件，在编制投标文件时，在组价过程，经常会遇到同时使用多套定额库的子目，比如：在编制市政工程时，需要借用建筑工程部分子目，每次必须通过查询方式，才可以找到其他库的子目，有否快捷方法输入建筑工程的子目？

答：1）选择【系统】下拉选择【定额库别名】，在这个界面中对需要借用的定额库给一个别名，这个别名的作用是可以直接输入借用定额库的子目。比如，我们把建筑工程的定额库的别名定义为：A，别名必须是字母（图 3-19）。

2）在输入建筑工程子目时，不需要查询建筑工程的定额库了，可以在编码列，直接输入 A.（是 A 点）＋借用库的编码，即可完成输入。比如要输入建筑工程库的子目050102，那么输入方法就是：A.050102。

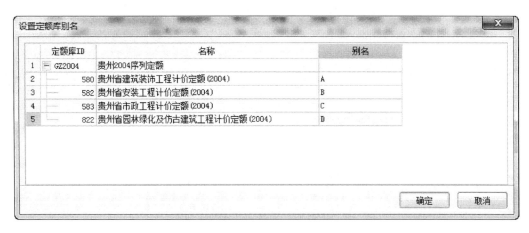

图 3-19 设置定额库别名

（42）清单模式，招标方直接输入清单编码回车后自动跳到子目行，想跳到清单行怎么办？

答：

方法1：系统-系统选项下直接输入清单后跳转到子目行，勾去掉，回车会自动跳转

方法2：不调上面的设置，输入完一条清单后，点↓就会自动转到清单行

（43）安装专业补充子目如何才能记取安装费用？

答：例：补充一个给排水的子目，在补充子目的时候需要指定专业到给排水，否则不能计算出此补充子目的安装费用。

（44）在GBQ4.0中要求部分子目不取措施费，怎样操作呢？

答：在分部分项界面，有一列是汇总类别，可以在不取措施费的子目汇总类别处输入一个数字，比如"1"，然后点到措施项目界面，给不取费的措施费取费基数处减去类别为1的子目的直接费，如图所示，这样子目类别为1的就不作为措施费的取费基数了。

（45）暂估价如何修改？

答：软件中，无论是先勾选暂估价，再调整市场价，还是调整市场价之后，再去勾选暂估价，软件都是默认第一次修改的市场价为暂估价的价格。如果后期还想第二次修改暂估的价格，必须在人材机汇总页面的【暂估材料表】的暂定价里修改。

3.2 软件使用技巧

1. 如何利用已有的工程快速新建完成一个新的工程？

如果我们日常工作中，经常用到的定额库以及计价模式都是相同的，那么，就可以把这个常用的模式保存成模板，以后就可以利用这个保存的模板来新建工程，这样可以简化新建过程，提高工作效率。

软件操作：

第一步：利用前面所说的按向导新建一个单位工程或者直接打开一个现有的工程，注意，计价模式、清单库、定额库、模板等，都要选择我们最常用的。新建完成后，打开文件菜单，选择【保存为工程模板】，输入模板名称和备注，点击"确定"按钮。现在，就

111

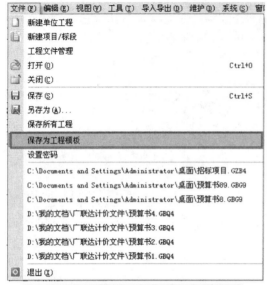

图 3-20　保存为工程模板

有了一个工程模板（图 3-20）；

第二步：打开软件，点击"新建单位工程"，选择按模板新建（图 3-21）；

第三步：选择定额序列，下面会出现此序列定额下现有的模板，从中选择一个工程模板，点击确定；

2. 单位工程中不可以出现没有用的空行，如空的清单行，或是没用的空定额行，如何快速删除这些空行？

利用【项目】下拉菜单栏下【清除空行功能】即可一步处理（图 3-22）。

3. 一个项目中有多个单位工程，修改一个单位工程的综合单价，想直接关联到每个单位工程相同的清单项也会发生变化？

答：选中修改好的清单项点右键-应用当前清单替换其他清单，选择调整范围点替换即可（图 3-23）。

4. GBQ4.0 巧用 5 选项实现配比材料（机械）调价

在预算或结算工程中都会用到混凝土、机械台班等配比，对于这样有着明细的材料或机械在计价软件中如何调价？

首先，我们要知道软件中关于配比的设置选项都有哪些，都代表着什么意思，什么情况下会用到，新建工程后点击【工具】菜单，选择『预算书属性设置』，如下图会弹出相应窗口，在该窗口的下面有标题为"配合比选项"，共 5 个选项。配合比选项及其解释（图 3-24）。

1）现浇配合比材料二次分析：主要是控制现场搅拌砂浆、现场搅拌混凝土是否显示出明细组成材料；勾选，则显示，不勾选则不显示；无论是否勾选这个选项，配合比材料的价格是不能调整的，都只能调整配合比明细材料的价格，例如水泥、砂子明细材料的价格；配合比材料的价格是随着配合比明细材料的变化而变化（图 3-25）。

2）商品配合比材料二次分析：勾选，类别为商品混凝土、预拌砂浆材料可显示其明细材料，不勾选则只显示配合比材料；此功能的主要目的在于分析明细材料的数量；无论是否二次分析，商品配合比价格都不会随配合比明细材料价格的变化而变化。

3）机械台班组成分析：此功能是根据各地的机械台班费用定额分析做出的；勾选，则机械配合比显示出配比明细，配合比价格始终由明细汇总而得，不勾选则只显示配比机械；下图为不勾选和勾选人材机界面的显示，这个选项同现浇配比二次分析一样，只是控制是否显示明细项，无论是否勾选了，都只能修改明细项的价格，配合比的价格随着配合

图 3-21 按模板新建

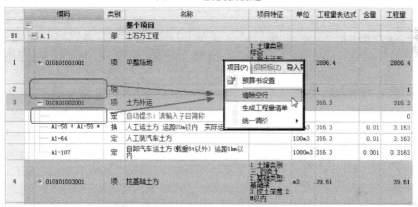

图 3-22 清除空行

图 3-23 应用当前清单替换其他清单

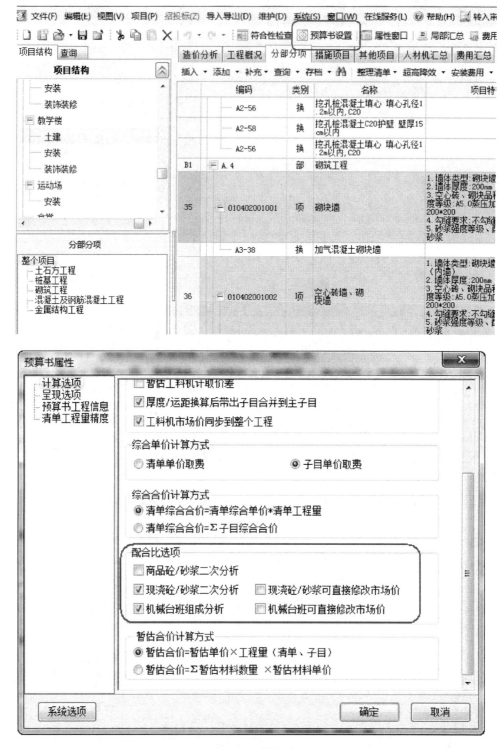

图 3-24　预算书设置

	编码	类别	名称	规格型号	单位	数量	预算价	市场价	价差	供货方式	甲供数量
1	06016	机	灰浆搅拌机	拌筒容量200L	台班	0.9061	75.03	75.03	0	自行采购	0
2	06053	机	滚筒式混凝土搅拌机	内燃 出料容量	台班	15.3283	120.35	120.35	0	自行采购	0
3	06059	机	混凝土振捣器	平板式 小	台班	2.8842	13.46	13.46	0	自行采购	0
4	06060	机	混凝土振捣器	插入式 小	台班	61.3877	11.4	11.4	0	自行采购	0
5	BB1-003	商砼	商品混凝土	C20	m3	213.0591	210	210	0	自行采购	0
6	BB1-005	商砼	商品混凝土	C30	m3	54.3872	230	230	0	自行采购	0
7	CL0026	材	中砂		t	175.6706	25.16	23	-2.16	自行采购	0
8	CL0205	材	碎石		t	337.7162	33.78	33.78	0	自行采购	0
9	CL0215	材	塑料薄膜		m2	943.6954	0.6	0.6	0	自行采购	0
10	CL0265	材	水泥	32.5	t	0.0042	220	280	60	自行采购	0
11	CL0265A1	材	水泥(混凝土用)	32.5	t	80.3498	220	220	0	自行采购	0
12	CL0265A2	材	水泥(砂浆用)	32.5	t	3.8912	220	280	60	自行采购	0
13	CL0275	材	水		m3	336.2757	3.03	4.6	1.57	自行采购	0
14	CLFBC	材	材料费补差		元	0.2555	1	1	0	自行采购	0
15	R00002	人	综合用工二类		工日	712.7188	40	40	0	自行采购	0
16	ZF1-0029	砼	现密混凝土 中砂碎石		m3	247.23	135.02	133.86	-1.16	自行采购	0
17	ZF1-0393	浆	抹灰砂浆 水泥砂浆 1:2		m3	7.062	158.76	189.15	30.39	自行采购	0

图 3-25 配比明细材料价格调整

比明细价格（含量）的变化而变化，这也就是经常有人问为什么不能直接修改配合比的原因（图 3-26）。

图 3-26 直接修改

4）允许直接修改配合比材料单价：这一项主要是针对现浇砂浆和现浇混凝土，勾选，则可直接修改配合比价格，和配合比明细材料没有任何计算关系，不勾选则只能从明细项汇总，也就是只能调明细材料的价格，通常这个选项和默认是不勾选的，所以如果想要直接修改配合比价格，需要进入【预算书属性设置】内进行设置。

5）允许直接修改配合比机械单价：主要针对配比机械，只是控制的类别不同，图 3-27 是勾选后直接修改的配合比价格。

	编码	类别	名称	规格型号	单位	数量	预算价	市场价	价差	供货方式	甲供数量
1	0605301	机	滚筒式混凝土搅拌机	内燃 出料容量	台班	15.3283	120.35	200	79.65	自行采购	0
2	ACF	机	安拆费及场外运费		元	314.0769	1	1	0	自行采购	0
3	DIAN	机	电		Kw·h	153.283	0.65	0.65	0	自行采购	0
4	DXLF	机	大修理费		元	37.4011	1	1	0	自行采购	0
5	JCXLF	机	经常修理费		元	89.0574	1	1	0	自行采购	0
6	JX001	机	人工费		元	241.8806	1	1	0	自行采购	0
7	RG	机	人工		工日	15.3283	40	40	0	自行采购	0
8	ZJF	机	折旧费		元	449.579	1	1	0	自行采购	0

图 3-27　修改配比价格

总结：前三项 1)、2)、3)；是控制是否显示配合比明细的，后两项 4)、5) 控制配比是否可以直接调价 1)、2)、3) 三项是针对配合比混凝土、配比砂浆，4)、5) 是针对配合比机械使用的。

5. 多种换算方法辅助子目价格确定

按照定额说明或者工程实际情况，对定额子目进行换算。子目换算的方法有标准换算、直接输入换算、批量换算、手工换算、人材机类别换算，换算之后，我们可以查看换算信息，必要时候，可以取消换算。

1) 标准换算：输入定额子目后，软件会自动弹出标准换算对话框，在可以直接选择换算的内容，也可以直接进行工料机的系数换算（图 3-28）；

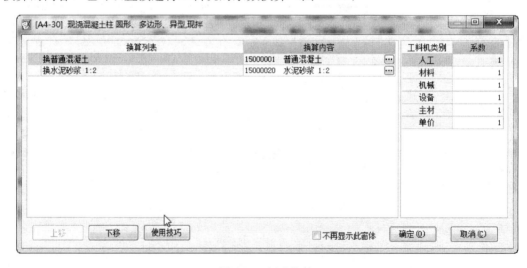

图 3-28　标准换算

如果觉得每次弹出换算框不方便，可以将下面【不再显示此窗体】打勾，此时就可以直接在【属性窗口】中【标准换算】中进行此项工作；并且再次窗口可以进行【取消换算】的操作（图 3-29）；

2) 批量换算：即多条子目进行同一项换算时可以使用。

①框选或用 ctrl＋鼠标左键多选定额子目后，点击工具栏【批量换算】，在弹出的对话框中直接进行【工料机系数换算】或替换【人材机】（图 3-30）；

②替换人材机时，选择要替换的材料，点击【替换人材机】，在弹出的对话框中软件

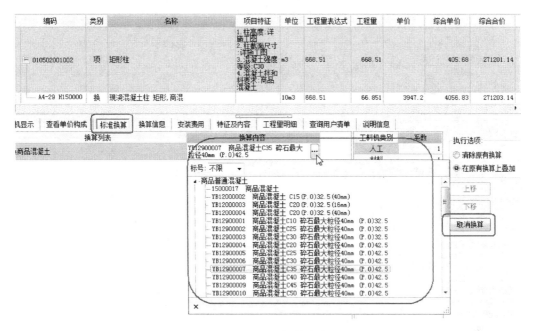

图 3-29　选择换算内容

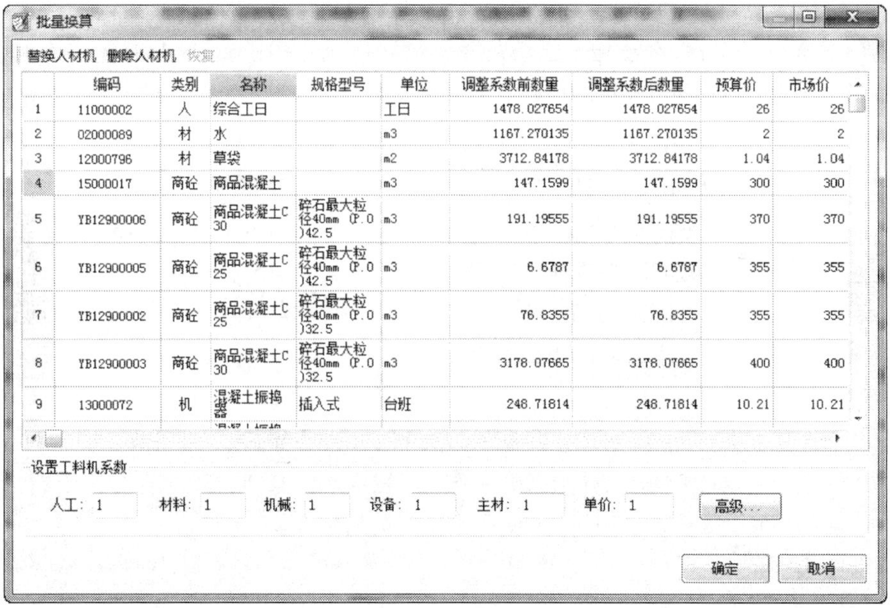

图 3-30　批量换算

会根据材料名称直接定位，选择目标材料，点击【替换】即可（图 3-31）；

　　3）直接输入换算：按照定额说明或者工程实际情况，对定额子目进行换算。

　　①直接输入子目时，可以在定额号的后面跟上一个或多个换算信息来进行换算。同样，换算完成子目类别也会从"定"改为"换"。输入方法如下：

　　A. 定额号□R＊n（□代表空格，n 为系数，R 大小写均可）：子目人工×系数，例如：2—56□R＊1.1—>表示人工费乘以 1.1 系数；

图 3-31　替换人材机

B. 定额号□C＊n（□代表空格，n 为系数，C 大小写均可）：子目材料×系数，例如：2—56□C＊1.1—>表示材料费乘以 1.1 系数；

C. 定额号□J＊n（□代表空格，n 为系数，J 大小写均可）：子目机械×系数，例如：2—56□J＊1.1—>表示机械费乘以 1.1 系数；

D. 定额号□Z＊n（□代表空格，n 为系数，Z 大小写均可）：子目主材×系数，例如：4—12 □Z＊1.1—>表示主材乘以 1.1 系数；

E. 定额号□S＊n（□代表空格，n 为系数，S 大小写均可）：子目设备×系数，例如：8—42 □S＊1.1—>表示设备乘以 1.1 系数；

F. 定额号□＊n（□代表空格，n 为系数）：子目×系数，它等价于 R＊n，C＊n，J＊n，例如：2—56□＊1.1—>表示子目人工、材料、机械同时乘 1.1 系数；

G. 定额号□R＋n 或 R—n（□代表空格，n 为金额，R 大小写均可）：子目人工费±金额，例如：2—56□R＋15.6—>表示子目人工费增加 15.6 元；

H. 定额号□C＋n 或 C—n（□代表空格，n 为金额，C 大小写均可）：子目材料费±金额，例如：2—56□C—16.8—>表示子目材料费减少 16.8 元；

I. 定额号□J±n 或 J—n（□代表空格，n 为金额，J 大小写均可）：子目机械费±金额：例如：2—56□J＋16.8—>表示子目机械费增加 16.8 元；

J. Z＋n 或 Z-n（□代表空格，n 为金额，Z 大小写均可）：子目主材费±金额，例如：4—12 □Z＋1000—>表示主材费增加 1000；

K. ＋/—其他定额号及换算信息：加减其他子目，例如：2—56□＋□2—101＊10—>表示子目 2—56 加 2—101 乘以 10 倍，合并为新子目。

例如子目 A3—3 人工乘以系数 1.1 则根据上述规则输入如图 3-32 所示：

编码	类别	名称	项目特征	单位	工程量表达式	工程量	综合单价
		整个项目					
B1	部	A.1 分部分项工程清单项目					
1	项	010101001001 平整场地		m2	533	533	0.46
	定	A1-1 人工平整场地		100m2	100*30*0.03	0.9	274.43
2	项	010302001001 实心砖墙		m3	320	320	22.74
	定	A3-3 R*1.1 单面清水砖墙 3/4砖		10m3	32	3.2	2273.35
3	项	010302001004 实心砖墙		m3	56	56	217.76
	定	A3-4 单面清水砖墙 1砖		10m3	QDL	5.6	2177.48
4	项	010404001001 直形墙		m3	901	901	264.1
	定	A4-39 现浇混凝土墙		10m3	901	90.1	2640.99
5	项	010501004001 特种门		樘	12	12	243

图 3-32　换算输入

②回车后，确定（图 3-33）。

编码	类别	名称	项目特征	单位	工程量表达式	工程量	综合单价
		整个项目					
B1	部	A.1 分部分项工程清单项目					
1	项	010101001001 平整场地		m2	533	533	0.46
	定	A1-1 人工平整场地		100m2	100*30*0.03	0.9	274.43
2	项	010302001001 实心砖墙		m3	320	320	23.36
	换	A3-3 R*1.1 单面清水砖墙 3/4砖 人工*1.1		10m3	32	3.2	2335.01
3	项	010302001004 实心砖墙		m3	56	56	217.76
	定	A3-4 单面清水砖墙 1砖		10m3	QDL	5.6	2177.48
4	项	010404001001 直形墙		m3	901	901	264.1
	定	A4-39 现浇混凝土墙		10m3	901	90.1	2640.99
5	项	010501004001 特种门		樘	12	12	243

图 3-33　换算显示

4）手工换算：通过手工调整人材机的含量、价格、人材机替换来完成子目的换算。

①选择需要换算的定额子目，点击功能区【工料机显示】，在属性窗口中就显示出这条子目下的工料机（图 3-34）

插入 · 添加 · 补充 · 查询 · 存档 · | 整理清单 · 超高降效 · 单价构成 · 批量换算 其他 · | 展开到 · 重用组价 ·

编码	类别	名称	项目特征	单位	工程量表达式	工程量
		整个项目				
B1	部	A.1 分部分项工程清单项目				
1	项	010101001001 平整场地		m2	533	533
	定	A1-1 人工平整场地		100m2	100*30*0.03	0.9
2	项	010302001001 实心砖墙		m3	320	320
	定	A3-3 单面清水砖墙 3/4砖		10m3	32	3.2
3	项	010302001004 实心砖墙		m3	56	56
	定	A3-4 单面清水砖墙 1砖		10m3	QDL	5.6
4	项	010404001001 直形墙		m3	901	901
	定	A4-39 现浇混凝土墙		10m3	901	90.1
	项	010501004001 特种门		樘	12	12

定额含量 | 查看单价构成 | 标准换算 | 换算信息 | 特征及内容 | 工程量明细 | 清单指引 | 查询用户清单 | 说明信息

	编码	类别	名称	规格及型号	单位	损耗率	含量	数量	定额价	市场价	合价
1	0000010	人	综合工日		工日		22.81	72.992	23.5	23.5	1715.31
2	8003050	浆	主体砂浆	混合砂浆M2	m3		2.04	6.528	73.64	73.64	480.72
7	8003060	浆	水泥混合砂浆	M5	m3		0.09	0.288	84.79	84.79	24.42
12	1001240	材	松木模板		m3		0.01	0.032	642	642	20.54
13	0501410	材	普通粘土砖		千块		5.51	17.632	228	228	4020.1
14	5203930	材	铁钉		kg		0.22	0.704	3.8	3.8	2.68
15	2553540	材	水		m3		1.1	3.52	2	2	7.04
16	8700240	机	灰浆搅拌机	200L	台班		0.35	1.12	46.55	46.55	52.14

图 3-34　显示子目下的工料机

②在工料机显示窗口中，可以直接修改子目的含量，来进行换算，方法就是直接选择要修改的单元格，输入想要的值即可；也可以直接修改材料编码，把人材机编码改成其他人材机的编码，直接完成人材机的替换；

③除此之外，还能够添加、删除、补充人材机进行换算，方法是：点击鼠标右键；

④插入人材机：在当前行前面插入空白行，在空白行的编码列直接输入人材机的编码完成人材机添加；

添加人材机：在最下面添加一行空白行，在空白行的编码列直接输入人材机的编码完成人材机添加（图 3-35）；

图 3-35　插入添加人材机

添加明细：选中配比材料时此项有效，在当前配比材料下面增加一空白行，在空白行的编码列直接输入人材机的编码完成人材机添加；

删除人材机：删除当前人材机；选中多行时，可以一次性删除多条人材机；

查询人材机库：打开人材机查询窗口，从人材机库中选择一条材料替换或追加到当前行；

补充：包括补充人工（图 3-36）、材料、机械、主材、设备、暂估，点击后出现补充人材机窗口；

输入补充人材机的信息后，点击"插入"可插入到当前行的前面，点击"替换"则替换掉当前人材机，点击"编辑资源组成"可以编辑此人材机明细。

⑤人材机类别换算：做工程的时候，有时候需要把某些普通材料转换成主材、设备，有时候，我们又需要反过来，把主材、设备转换成普通人材机。

选择某定额子目，在工料机显示窗口中找到需要转换成主材的材料，点击类别，下拉展开选择"主材"即可。

⑥查看换算信息：点击【属性窗口】中【换算信息】即可查看。【换算信息】窗口中，

图 3-36　补充人工

	编码	类别	名称	规格及型号	单位	损耗率	含量	数量
1	GR2	人	二类工		工日		1.38	1.38
2	201008	2 ∨	标准砖	240x115x53m	百块		5.36	5.36
3	GR3	普通材料工	工		工日		4	4
4	401035	主材设备	木材		m3		0.0002	0.0002
5	511533	材	铁钉		kg		0.002	0.002
6	613206	材	水		m3		0.107	0.107
7	+ 012006	浆	混合砂浆	M5	m3		0.234	0.234
12	06016	机	灰浆拌和机200L		台班		0.047	0.047
13	GLF	管	管理费		元		9.58	9.58
14	LR	利	利润		元		4.6	4.6
15	补充材料	材			百块		0	0

图 3-37　人材机类别换算

列出了当前子目做过的所有换算的换算串、换算说明和换算来源。如果想取消某一步换算，可以选择这个换算，点击右面的"删除"按钮（图 3-38）。

图 3-38　换算信息

6. 多种工程安全保障方法，全方位保障安全

（1）设置密码

招投标过程，对于招投标的价格保护尤为重要，为了增加工程的保密性，软件它提供了【设置密码】的功能。在【文件】菜单栏下选择【设置密码】，输入要设置的密码后确定，下次打开此工程就需要现输入密码了。注：设置密码后要牢记密码（图 3-39）。

（2）自动保存

为保证工程在编制过程中不会因忘记保存而丢失数据，软件在【预算书设

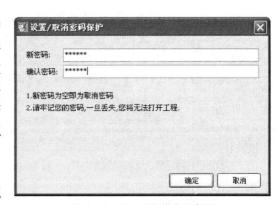

图 3-39　设置/取消密码保护

置】—【系统选项】中提供了【定时保存提醒】的设置（图 3-40）。

（3）断电保护

工程在编制过程中，如果出现突然断电，那么软件默认为异常关闭，此时只需要再次打开此工程，软件会弹出恢复数据对话框，只需要点【是】即可（图 3-41）。

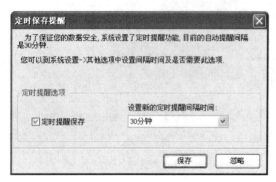

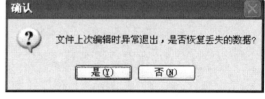

图 3-40　自动保存提醒　　　　　　　　　　　图 3-41　恢复数据对话框

（4）文件备份

软件的不断地改进优化的过程，会不断地更新最新版本，那么我们在打开历史工程的时候使用的有可能是比做工程时版本高的软件。此时有可能投标方或招标方还在使用老版本，那么为了保证工程还能用老版本打开，软件在打开工程时，会自动备份一份来版本工程（图 3-42）。

图 3-42　备份旧版本文件

（5）找回历史工程

有时由于病毒等原因，导致工程被损坏无法打开，如果再重新做一遍会很麻烦且耗时。实际上在我们做工程的过程中，只要我们点击过保存，软件均会自动备份一个本时间点的工程备份，因此我们是可以通过【找回历史工程】这样的功能再找回一个损坏前的工程的。操作步骤是：点击【系统】菜单下【找回历史工程】，在弹出的对话框找到与损坏工程同名的行，或者直接在文件名处过滤，之后选择最后一次保存的时间点，点击鼠标右键选择【保存历史工程到……】，选择保存位置，确定后此工程就可以正常用软件打开了（图 3-43）。

此功能还可用于我们对工程文件进行修改，而修改后发现错误，并且之前也没有备份工程时。

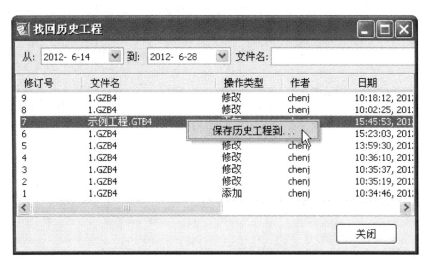

图 3-43 找回历史工程